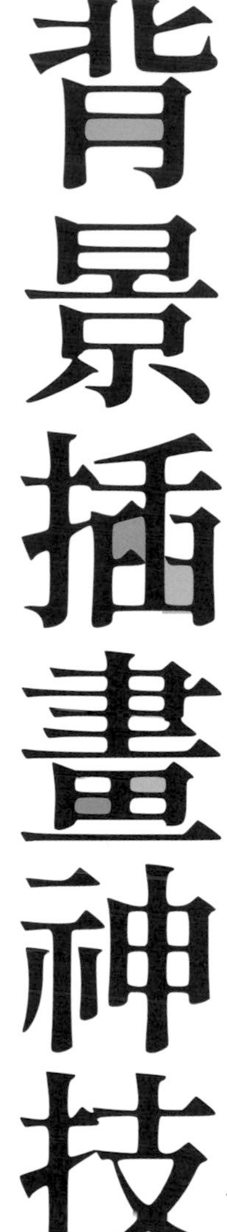

背景插畫神技

Illustration with a concept

五大人氣繪師教你用 Procreate / PS / CSP 打造世界觀

刈谷仁美 / しらこ /yomochi/ 高妍 /banishment

謝薾鎂 譯

Nuomi 諾米 審訂

- 本書所刊登的資訊是截至 2020 年 11 月 7 日截稿時的內容。
- 本書中解說插畫製作過程的畫面是分別使用 Procreate、Photoshop、CLIP STUDIO PAINT 等電腦軟體來製作的。
- 本書的出版已力求正確的記述，內容適用與否，敝社與作者不負擔保之責。

序

本書是一本插畫製作集，匯聚了 5 位插畫家各自的「世界觀」。

畫插畫的人常有這樣的煩惱，就是雖然會畫人物，但是苦於刻劃背景。
無論角色是站在原地或是移動中，都需要背景的烘托，才能讓插畫具有說服力。
一幅畫要打動人心，不只在描繪景色、風景，還包含舞台中的人物是否確實存在，
要運用背景營造出符合角色的生活感和空氣感，這就是「世界觀」。

本書從各領域邀請到 5 位擅長打造「世界觀」的插畫家，
並請這 5 位老師分別替本書畫一幅全新的插畫。
他們平時活躍於動畫、書籍、遊戲、音樂、影片等領域，
都是具有獨特個性與畫風的藝術家。

透過本書的呈現，讀者可以參考老師們如何設定主題、
是基於什麼概念在作畫，以及使用了哪些技術。
此外，還會介紹老師們作畫時掌握各種事物的技巧，
建議搭配完成的作品一起閱讀，更能加深你對插畫的理解。

本書中的插畫全都是使用電腦軟體創作，此外還有一大特色，
就是超過半數的藝術家是使用 iPad 作畫。
隨著硬體與軟體的進化，現在用平板畫畫已經很常見。
平板與電腦繪製的插畫相比毫不遜色，從完成的插畫就看得出來。
我們認為使用平板來畫畫對初學者來說應該是最合適的，
因為平板攜帶方便，想到靈感時馬上就能提筆作畫，
應該能降低學習數位插畫的門檻，並拓展繪畫的應用範疇。

最後，由衷感謝所有曾經參與及協助本書製作的人。

背景插畫神技

五大人氣繪師教你用 Procreate／PS／CSP 打造世界觀

Contents

序…003

本書的使用方法…007

數位插畫的基本概念…008

Illustration with a concept

#01 刈谷仁美

Kariya Hitomi

GALLERY #01…012

< Concept >
到獨居妹妹家玩的姊姊
018

STEP 01 __畫草圖…020

STEP 02 __畫線稿…023

STEP 03 __上色…027

STEP 04 __最後修飾與完稿…032

Point 1 ＊視平線 & 消失點…019

Point 2 ＊透視線的畫法…021

Point 3 ＊捕捉人物與物品的大致形狀…022

Point 4 ＊充滿空氣感的線條畫法…025

Point 5 ＊善用 Procreate 的阿爾法鎖定…028

Point 6 ＊在插畫中營造生活感…035

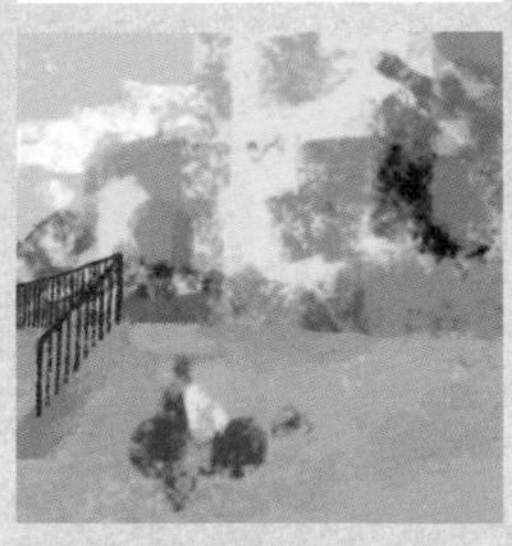

Illustration with a concept

#02

しらこ

Shirako

GALLERY #02…038

< Concept >

在郊外小河戲水的母子

044

STEP 01 __畫草圖…045

STEP 02 __塗抹底色…046

STEP 03 __描繪細節…054

Point 1 ＊臨摹照片的技巧…046

Point 2 ＊將元素化為簡單的形狀來構圖…049

Point 3 ＊加強景深的 4 種方法…058

Point 4 ＊雲的形狀與景深…068

Illustration with a concept

#03

yomochi

よもち

GALLERY #03…072

< Concept >

現代化的都會商圈與上班族

078

STEP 01 __畫線稿…079

STEP 02 __上色…085

Point 1 ＊大樓結構的描繪技法…083

Point 2 ＊樹木的線稿技法…084

Point 3 ＊活用陰影打造空間感…088

Point 4 ＊植物枝葉的描繪技巧…090

Contents

Illustration with a concept

#04

高 妍

Gao Yan

GALLERY #04…096

< Concept >

描繪台灣的傳統建築

102

STEP 01 __畫草圖…103

STEP 02 __畫線稿…104

STEP 03 __上色…107

STEP 04 __畫陰影與完稿…113

Point 1 ＊植物的上色技巧…107

Point 2 ＊水彩筆刷的用法…108

Point 3 ＊色彩的使用原則與配色技巧…116

Illustration with a concept

#05

banishment

バニッシュメント

GALLERY #05…120

< Concept >

表現插畫特有的空氣感

126

STEP 01 __畫草圖…127

STEP 02 __描繪立體面來構圖…127

STEP 03 __描繪天空區域…132

STEP 04 __用筆刷表現質感…135

STEP 05 __決定空氣感的最終潤飾…140

Point 1 ＊用鋼筆工具描繪形狀…128

Point 2 ＊反射光的表現…135

Point 3 ＊植物的色相處理…137

Point 4 ＊髮絲的畫法…139

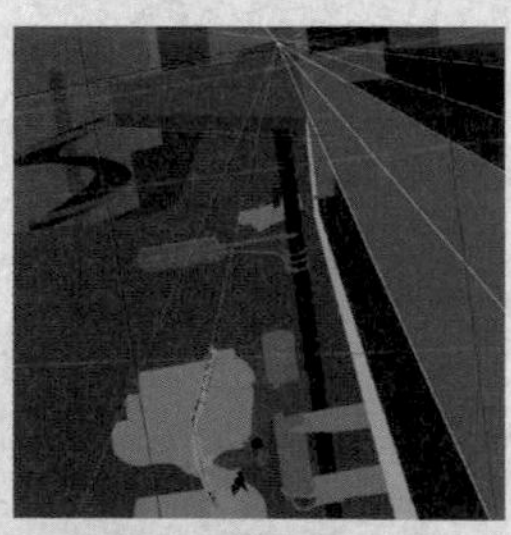

Introduction

本書的使用方法

本書是由 5 位插畫家的篇章組成的，因此分為五大篇。
每一篇的前半部是插畫家的自我介紹等訪談內容，以及近幾年的插畫作品。
後半部則是請插畫家依照各自設定的主題所完成的作品，以及製作過程的解析。

◆ 插畫家訪談&作品集 ◆

◆ 插畫製作過程解析 ◆

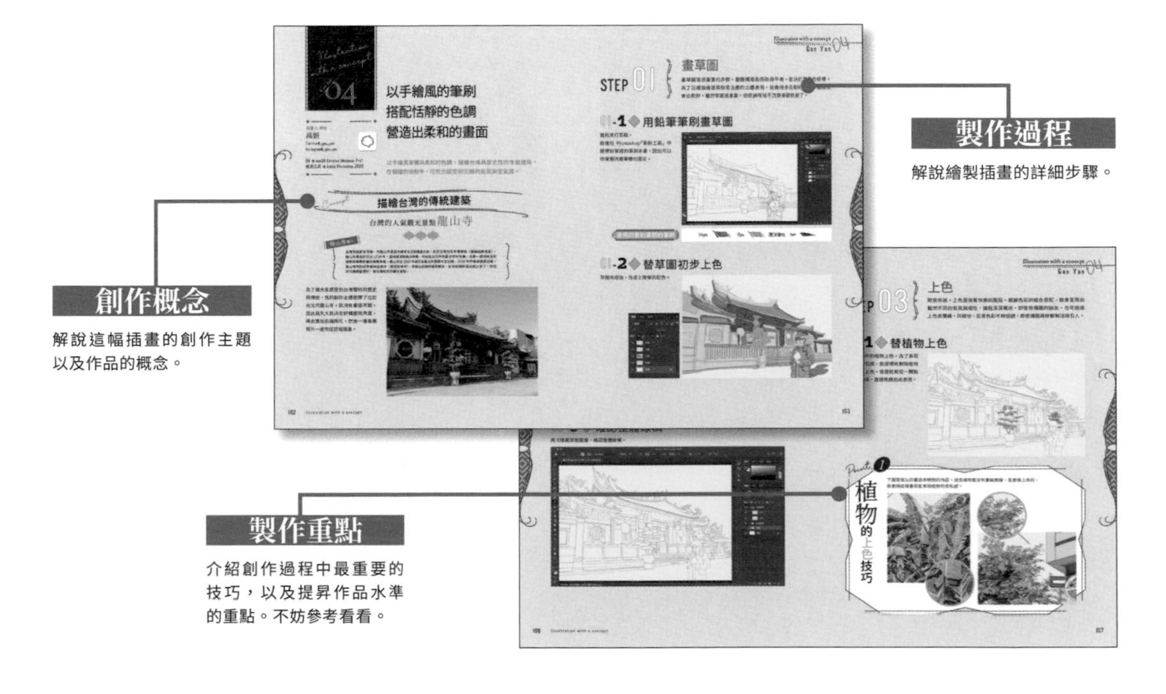

Introduction

數位插畫的基本概念

本書所介紹的作品都是數位形式的插畫，也稱為「電繪」(電腦繪圖) 插畫。為了讓讀者了解基本概念，以下將會簡單解說手繪插畫與電繪插畫的差別，以及繪製數位插畫必備的器材或軟體等使用環境。

◆ 數位插畫的優點 ◆

以前由於技術的限制，數位插畫多半會給人平板單調、缺乏手感的印象。不過，隨著近年來輸入裝置（例如繪圖板或平板電腦）以及繪圖軟體的功能不斷進化，現在數位插畫已經能呈現出不亞於純手繪的作品了。數位插畫的優點包括不滿意可隨時重畫、備妥機材就不必擔心畫材的消耗等。

構造上的差異

手繪插畫是直接在紙上作畫疊色，數位插畫則是利用「圖層（Layer)」重疊來組成插畫。這些「圖層」是「透明的」，使用者可分別在不同的透明圖層上繪圖或上色。如果是像右圖一樣分層作畫，之後就能個別修改線條或上色部分，或是替不同圖層套用效果，嘗試更多表現手法。

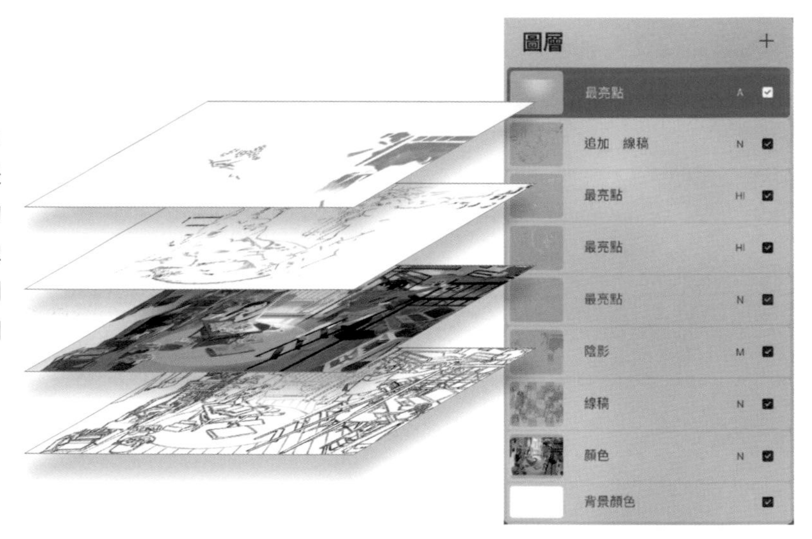

純手繪作品也可利用數位軟體潤飾調整

除了數位插畫，本書也會介紹一些使用透明水彩的手繪技巧。在紙上作畫時，可藉由紙張本身的質感與顏料色彩質感的疊合，營造出獨特的風味，之後也能輸入軟體調整。其實並不一定要徹底劃分用數位／手繪創作，建議試著結合不同媒材的特長，這樣也不錯喔！

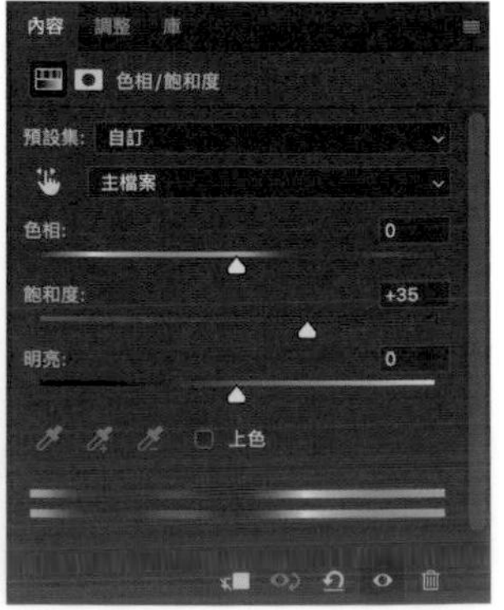

◆ 繪製數位插畫必備的工具 ◆

繪製數位插畫需要準備電腦或繪圖板等裝置。隨著規格的提升，使用 iPad 等平板裝置，也可以畫出高品質的插畫。

電腦（Windows/Mac）

繪圖板

電腦雖有 Windows 或 Mac 等作業系統的差異，但數位繪圖最注重的是「螢幕」與「記憶體」的規格，請依預算挑選。善用繪圖板或 iPad 就能像手繪一樣，畫出用滑鼠無法表現的線條強弱與色彩濃淡變化。

iPad

近年來，有越來越多職業插畫家使用 iPad 來畫畫。iPad 可以隨身攜帶、還能直接在螢幕上速寫或畫畫。有了 iPad，就不用再特別添購繪圖板了。

◆ 必須安裝繪圖軟體 ◆

數位繪圖不只要準備硬體設備，還必須安裝等同於畫材的繪圖軟體。本書的每位創作者愛用的軟體工具不盡相同，但基本的繪畫方式則是相通的。請依照自己的習慣挑選吧！例如 Procreate 就是專屬於 iPad 的繪圖軟體。

Procreate

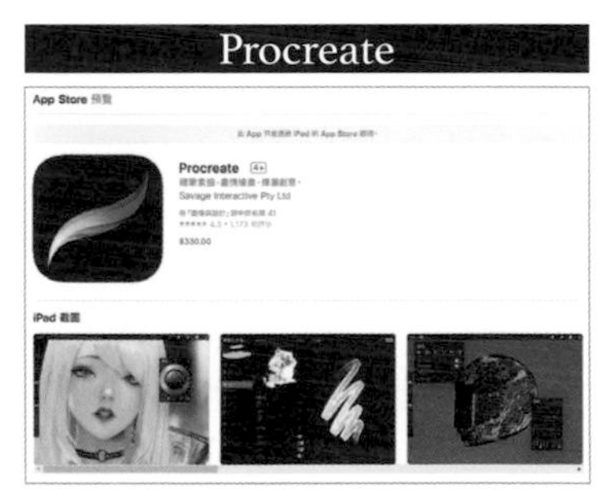

Windows/mac ✕
iPadOS ○

CLIP STUDIO PAINT

Windows/mac ○
iPadOS ○

Photoshop

Windows/mac ○
iPadOS ○

Gallery & Illustration Making

作品集＋
插畫製作解析

Illustration with a concept #01 刈谷仁美…012

Illustration with a concept #02 しらこ…038

Illustration with a concept #03 yomochi…072

Illustration with a concept #04 高 妍…096

Illustration with a concept #05 banishment…120

刈谷仁美

Kariya Hitomi

Q1. 請您先做個簡單的自我介紹。

我是 1996 年生的動畫設計師、插畫家。曾負責 NHK 晨間小說連續劇《夏空》的題字設計、片頭動畫、戲劇內的動畫等，此外我還做過「寶可夢劍／盾」系列動畫作品《破曉之翼》第 6 集的作畫監督、「哈根達斯冰淇淋」的動畫廣告製作等專案。

Q2. 您平常都是如何構思插畫的創意？

我會努力試著讓自己的插畫看起來就像是擷取自日常生活的片刻光景。像是構圖等，感覺就像是把吸收自他人畫作、寫真集、電影、漫畫的靈感抽取出來的感覺。如果是為了工作而畫的插畫，我最關心的則是對方需要什麼樣的畫作。

Q3. 您作畫時最重視的是什麼？

以技術層面來看，我作畫時會持續注意整體畫面的平衡；如果從心理層面來看，則是能否在作畫的過程中找到樂趣。不過這終究是我個人的意見，若能做為參考就太好了。

Q4. 您覺得用 iPad 和 Procreate 繪圖的便利之處與優點是什麼？

拿起 iPad 馬上就能開始工作這點很棒。此外，Procreate 的筆刷種類非常豐富，只要熟悉一下就能畫出專業的插畫。在 iPad 上觸控操作的感覺和手機很類似，因此對日後想嘗試畫畫的年輕人來說，我覺得用 iPad 練習數位繪圖可以降低作畫時的難度。

Q5. 今後有任何想挑戰或想做的事情嗎？

今後我想專注於動畫師的工作，持續從事動畫的製作。我想要製作可愛、溫和、符合大眾流行的影片，希望有朝一日可以透過 CM、PV 等媒體公開曝光自己的作品。總之今後也會繼續在工作上投注心力。

騎著折疊自行車※／2019

※編註：原文為「騎著 Brompton 自行車」，「Brompton Bicycle」是英國知名的折疊自行車製造商。

想喝冰淇淋蘇打水／2019

[illegible]眺望門司港[illegible] 2010

※編註：門司港位於日本九州，面向瀨戶內海口，是日本明治[illegible]時期的[illegible]，有不少[illegible]和復古風建築。

阿佐谷 gion※／2020

※編註：gion（ギオン）是位於東京阿佐谷車站附近的復古風咖啡廳。

插畫 & 解說
刈谷仁美
Twitter@KRY_aia
Instagram@kry_aia

OS ◆ iPad Pro
使用工具 ◆ Procreate

描繪室內場景時 加強立體感與景深 營造充滿生活感的氣氛

本例是用從上方往下看的「俯視」構圖來畫出整個房間。描繪許多物品散亂的狀態，讓人感受到畫中人物的生活感與故事。

Concept 到獨居妹妹家玩的姊姊

這幅畫的主題是「到獨居妹妹家玩的姊姊」，因此需要畫一個「現代的房間」。首先我就構思該畫什麼，我想畫一個 15～25 歲的女孩房間，並且讓「來這裡玩的姊姊」成為畫面的主角。這個房間裡的配置，從家具到各種小東西，要能讓觀眾窺見主角在房間裡度過的時光，以及主角這位女孩的喜好。

善用家具與物品的配置展現生活感與故事性

首先來思考整體構圖。一開始先用快速俐落的筆勢去畫，即使是粗略的草圖也沒關係。這個房間的大小大約是 6 張榻榻米（6 疊，大約為 3 坪 / 9.72 平方公尺），我要畫出彷彿用廣角鏡頭拍攝的景深感。

Point 1

視平線&消失點

何謂視平線

視平線是指畫面中的視線高度，也稱為拍攝高度。視平線的位置高或位置低，兩者看到的畫面並不相同，不妨試著用相機等設備實際拍攝確認。

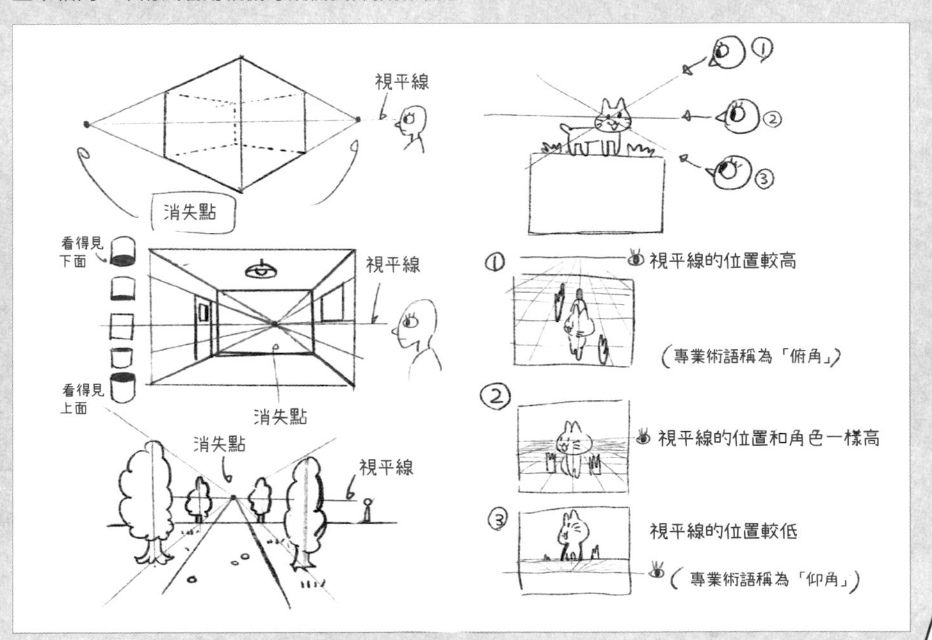

何謂消失點

消失點是指透視線集中到視平線上的那個點。一個畫面中的消失點可能不只一個，也可以增加到 2 個或 3 個。這幅畫是將人物配置在消失點附近，因此觀眾的視線容易聚焦到人物身上。

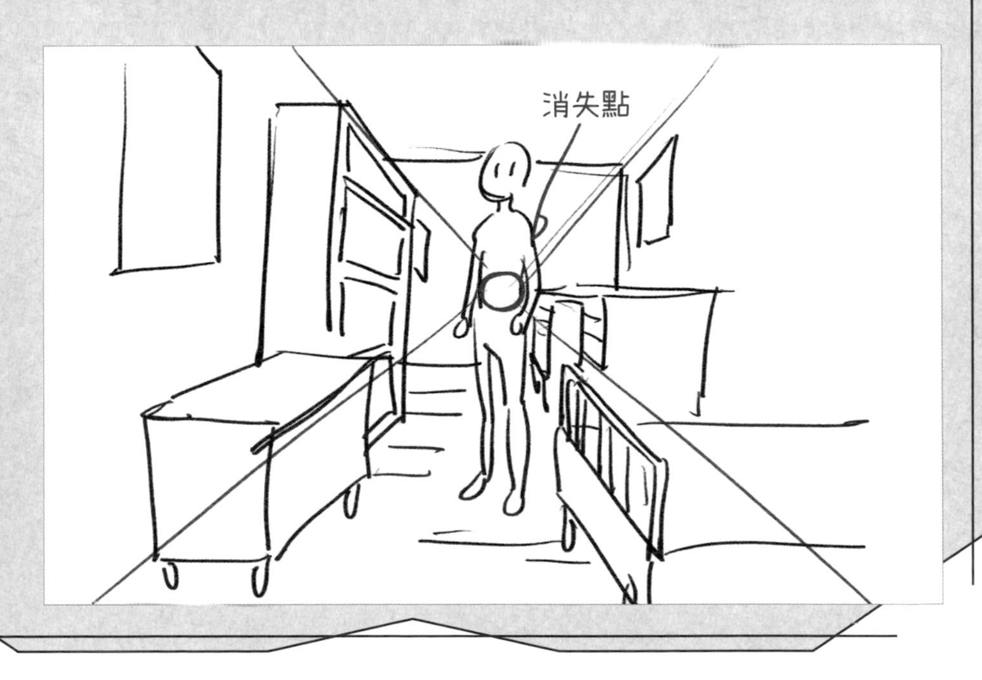

Point 3

捕捉人物與物品的大致形狀

約略構思人物與物品的配置

在描繪空間時，建議不要馬上就開始處理細節，先把人物或物品暫時畫成四方形或圓形等大概的形狀，就會比較容易理解。

光源與陰影也在此階段先規劃好

這幅畫包含以下兩種光源：
①來自屋外的太陽光（自然光）
②室內照明（燈）所發出的光
但因為作品設定的時間是中午，所以陰影並不會太強烈。

STEP 02 畫線稿

這幅畫的目標是想讓觀眾感受到我所營造的空氣感，因此在描繪線稿時也會設法讓線條符合這種氣氛。具體的作法就是讓線條帶有粗細和強弱的變化，避免過於平均一致的呆板線條，以下會詳細說明。

02-1 在草圖上層描繪底稿

開始畫底稿。在草圖階段已經決定每個元素的配置，請把草圖描繪成底稿，這是畫線稿的前置作業。

02-2 暫時上色

這邊先暫時上色，也就是塗上大概決定的顏色，做為清稿時的參考。這個階段不需要細部上色，只要先大致決定整體顏色的氣氛即可。

02-5 畫線稿時使用的筆刷

我畫線稿時是使用 Procreate 的「素描／6B 鉛筆」。這種鉛筆筆刷的紋理明顯，且帶有柔軟的質感，是我很常用的筆刷。

我愛用的 Procreate 筆刷

我這整張插畫都是用「Procreate」畫完的，這個 App 的操作手感和使用電腦上的繪圖軟體非常類似，相當方便好用。Procreate 除了內建將近 100 種筆刷以外，還可自行匯入別人的筆刷或是自製筆刷，能夠嘗試各式各樣的筆觸。以下就介紹幾種我畫線稿與上色時愛用的筆刷。

我愛用的筆刷

• 畫線稿時用「6B 鉛筆」筆刷

此筆刷的效果清晰、濃度也足夠，可以模擬鉛筆質感的紋理

·上色使用「鷹格霍」筆刷

• 這個「繪圖 / 鷹格霍」筆刷有點像水彩，但具有明顯的濃淡變化，也適用於混色或厚塗，是多用途的筆刷。

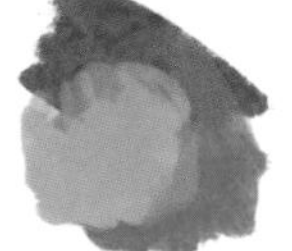

我平常主要都用這兩種筆刷。

STEP 03 上色

接下來要替完成的線稿上色。這個場景中有兩種光源，分別是來自窗外的太陽光（自然光）以及室內照明（燈具）。我會先用「Procreate」變更線條的顏色，以便上色。建議大家平常可以多觀察物體的光影變化。

03-1 開始上色前先確認光源

物體的受光面，或是位置離鏡頭遠的物體，線稿顏色應該會比較淡。因此要變更線稿的顏色。

在 Procreate 中點一下線稿圖層，開啟「**阿爾法鎖定**」功能，接下來顏色就不會塗到線條外面去（詳情可參考下一頁的說明）。

接著請把被室內照明強烈照射的線塗成橘色，陽台的物品（被自然光照射的區域）塗成藍色。這樣一來即可和室內照明的顏色有所區別。

03-5 上色時做出深淺變化（塗陰影區域）

塗完基本色後，即可開始畫陰影。有的人畫陰影時會把圖層模式改成「色彩增值」(則塗上去的顏色會比原本顏色更深，是畫陰影時常用的技巧)，不過我很少用這個方法。我都是根據插畫中的氣氛，直接從顏色面板點選要畫陰影的顏色。

為了營造柔和的感覺，請隨時注意避免陰影太過強烈。

03-6 根據窗外的光源來上色（塗受光區域）

在大部分的陰影區域上色後，即可在受光的區域塗上更明亮的顏色。我會在最後的步驟（請參考後面的步驟 8）再用最亮的顏色來畫高光區域，比較容易畫出不錯的效果。

03-7 調整細部光影

接下來要檢視整體畫面，調整每個細微的地方。
我會針對顯眼的地方或是視覺焦點去修飾細節，例如增減陰影等。

03-8 畫上高光區域就完成上色了

最後要畫高光區域（受光最強烈的地方，通常會在輪廓的邊緣）。先新增一個圖層，用高彩度的顏色在輪廓邊緣畫出高光的線條，讓整體畫面更漂亮，這樣就上色完成了！

04-4 為插畫添加紋理

最後我會在整張圖的上層覆蓋一層紋理，藉此提升插畫的質感。

方法是載入一張紋理圖片，放在最上面的圖層，然後將混合模式設定為「覆蓋」，這樣就可以提升插畫的質感，且不會改變插畫的色調。

此外，如果使用其他的混合模式，也可能改變插畫色調的氣氛，大家不妨自行嘗試看看，應該能體驗到不同的趣味。

04-5 完稿

插畫完成了。

Point 6

在插畫中營造生活感

這個案例畫的是一個房間，重點是要營造生活感，讓人感受到主角真的在這裡生活。設定的情境是妹妹剛開始一個人生活（？），姊姊到她家來玩。因此，要設法把所有能展現生活感的元素安排在這個房間裡。描繪室內場景的重點，就是要先想像出生活在其中的人物之性別、個性、興趣或是志向，才能聯想出家具的設計、擺放的物品等細節。希望你也能享受想像和畫出來的這段過程。

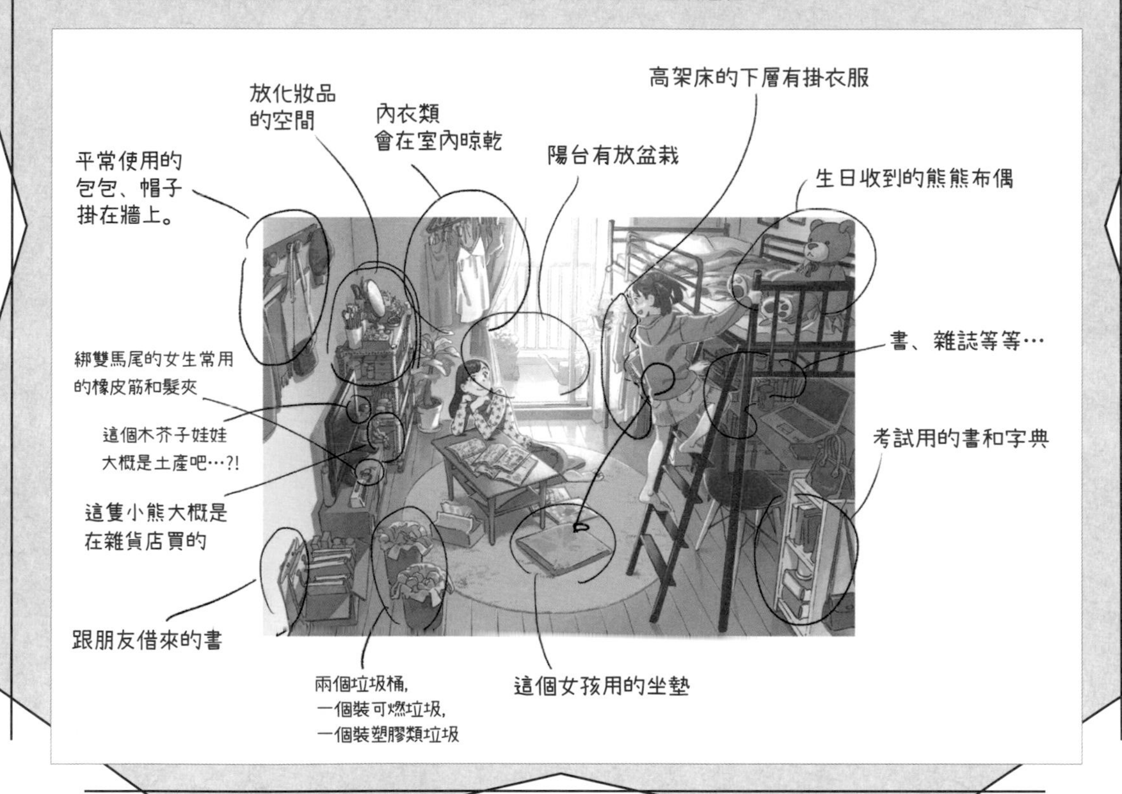

Illustration with a concept
Kariya Hitomi
01

しらこ

shirako

Q1. 請您先做個簡單的自我介紹。

我目前是自由接案的插畫家，主要都是接書籍插畫的案子。

Q2. 您平常都是如何構思插畫的創意？

其實我並沒有特定的方法，不過最近我大多是根據實際拍攝的照片去構思創意。平常也會逛逛 Pinterest 網站探索靈感，或是從電影或戲劇中發現的有趣構圖來發想。

Q3. 您作畫時最重視的是什麼？

我會試著探索如何透過繪畫去表現出照片無法重現的用色以及特殊的構圖，每畫一張對我來說都是實驗和挑戰。因此，如果畫出來的作品能讓人感受到我想表現的靜謐、溫度、濕度等情境或氣氛，我就會很開心。

Q4. 您覺得用 iPad 和 Procreate 繪圖的便利之處與優點是什麼？

我覺得 iPad 的優點是攜帶方便，在咖啡廳或電車裡也能畫畫，這點很棒。Procreate 這個 App 的價格便宜但功能強大，我想對初學者或專業人士來說都是很好用的軟體。

Q5. 今後有任何想挑戰或想做的事情嗎？

我很喜歡說故事，因此從 2021 年開始想試著畫漫畫，或是參與動畫相關的工作。

冰凍／2016

休息片刻／2019

咻一／2019

撥石頭／2020

Point 1

臨摹照片的技巧

對於畫風景畫的人來說，參考照片是必須的。但如果畫得跟照片一模一樣，那就失去繪畫的意義了。以下我會說明如何活用照片的主體，藉由改變配置或大小，營造出更有趣的畫面。

移動（相機的）視點

除非是很厲害的攝影師，否則拍出來的構圖通常都不盡完美。此時不妨試著移動（相機的）視點，也就是改變攝影的構圖，想想呈現出來的畫面會如何改變。有時乍看無趣的照片，只要改變視點就會變得生動起來，或是讓想要引人注目的部分變得更明確。以這個範例來說，照片原本的構圖是以小河為主體，而我描繪時則想突顯寬廣的綠色草地，因此把視點往右移動，讓畫面前方幾乎呈現出一片黃綠色。

改變視點的位置後，如果想讓畫作毫無破綻，就需要具備一定程度的透視知識。視點的左右移動需要了解「單點透視法」、「兩點透視法」；上下移動（俯角、仰角）則與「三點透視法」有關，如果想要隨意改變視點，建議先了解透視知識。市面上有許多學習透視的好書，我覺得《How to Draw》(Scott Robertson 著）這本書的解說特別詳細，推薦給大家。

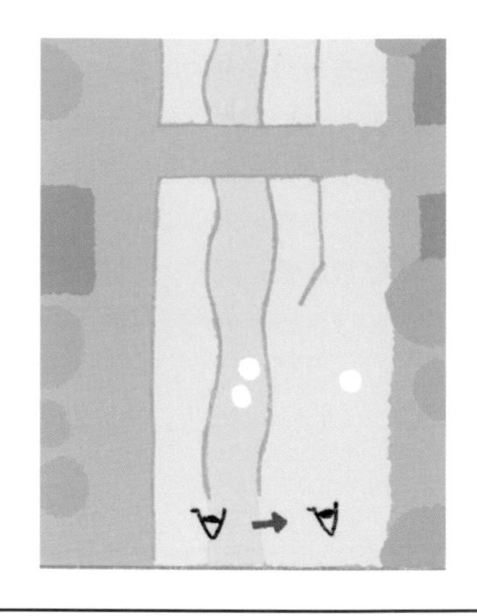

STEP 02 塗抹底色

草圖完成後就可以開始塗底色。我基本上都是用平塗，會從比較小、比較遠這類「感覺比較好畫的部分」開始塗抹出整體的輪廓。

02-1 畫遠景的樹木

先畫遠景的樹木。可以先把遠方的幾棵樹當成同一個群組來畫，並逐一賦予它們不同的大小和形狀，這樣可提升構圖的趣味。本例組合了 3 種樹：高大茂盛的圓弧狀樹木、垂直細長的樹木、低矮平整的樹木等。如果顏色也有所變化會更有趣，不過遠景的用色不宜過多，以免太過突兀。

改變元素的大小、位置與形狀

這次參考用的照片中，包含了各種形狀的房屋與樹木，沒有必要增添太大的變化，所以我只做了一些小調整，像是改變屋頂的方向，或是把樹木變細長等。此外，由於照片呈現被小河左右隔開的構圖，為了避免太過左右對稱的呆板構圖，我刻意把右邊的房屋畫得比左邊大。以上這些增添變化的方法，我在之後的「Point 2」(第 49 頁) 有更詳細的解說。把照片拍到的元素變大、移動位置、改變形狀，設法讓構圖變得更有趣吧！除了房屋或樹木等元素的形狀，天空和地面等大範圍的形狀也要用心安排，這點很重要。

簡化元素

照片左側的房屋後方有很多電線桿，這類細長的線條會干擾視線，所以我決定省略不畫。如果覺得照片中有些多餘的元素，描繪時適度地刪減、省略它們也很重要。

增加新的元素

反之，如果覺得畫中元素太少而顯得空虛時，亦可試著增加新的元素。本例我在河堤上畫了爬牆虎，還有一些路燈和電線桿。需要增加新元素時，可以自由發揮，如果覺得毫無頭緒，也可上網搜尋類似場景的照片。例如圍籬上的花，我是搜尋「圍籬」圖片找到開滿花的圍籬，參考並補畫上去的。

02-2 畫遠景的小橋

接著要畫遠景中的小橋。這座小橋原本是筆直的，但我刻意畫成略帶弧度的狀態。因為之後預計要畫的人造物（房屋、欄杆、街燈）都是直線構成的，所以讓橋帶有弧度，可以替畫面增添變化。橋面兩側的外牆我加入些許髒汙痕跡，看起來更有味道。最後調整前後兩側欄杆的明度，可讓兩者有所區別。

02-5 畫欄杆

接著用筆刷直接畫上欄杆。先前畫的樹木、橋梁、草地等元素，都是使用比較亮的顏色，因此欄杆使用較暗的顏色，讓畫面顯得更集中。接著再把草地往右塗滿。

02-6 畫房屋

在畫布的右上方畫直長型的房屋。這裡我雖然也是簡單的平塗，但是為了呈現受光的感覺，請務必慎重挑選顏色。這幅畫設定的時間點是日落時刻，房屋整體籠罩在黃色的光線中，因此受光面畫成黃色調，陰影處則是偏藍色調。房屋的牆面原本就是淡黃色，因此受光後變得更黃，陰影處的畫法則是在淡黃色上面疊加藍色，變成灰色調。

02-7 畫房屋前面的樹叢

接著要畫房屋前面的樹叢。基本上是比照前面提過的，刻意讓每棵樹的大小與形狀有所差異。這裡也是用平塗的方式去畫，不必過度拘泥細節，專注於塑造形狀就可以了。樹叢的陰影部分也盡量平塗，並且用「形狀」去捕捉，讓樹叢也具有大小與形狀的變化。

02-8 畫後方的房屋與樹叢

接著畫剛剛那棟房屋後方的房屋與樹叢。在白色牆壁受光的部分塗淡黃色，陰影部分則塗淡藍色。白色本身有無色的性質，所以陰影顏色最容易產生變化，因此白色的陰影處會比其他顏色還要藍。想像一下晴朗的冬天，積雪的陰暗處看起來會偏藍，這樣想比較容易理解。

02-9 思考左側的畫面配置

畫面左側的元素，也是比照前面的畫法去畫。在配置上多花點心思，例如把房屋畫大一點、把樹木稍微移動位置等。以直線構成的房屋與用曲線構成的樹木很搭，巧妙組合應該就能營造出相當豐富的畫面。

02-10 畫雲朵

接著畫雲朵。為了符合畫中的悠閒氣氛，我組合了細長平緩的雲朵與圓弧蓬鬆的雲朵。再把前後的雲朵畫出明顯的大小差異，藉此強調出遠近感。最後再加上一朵灰色的雲做為重點裝飾。

02-11 畫人物（母親）

背景畫好之後，接著開始畫人物。這幅畫中的人物比例比較小，無法畫得太仔細。
因此，畫的時候請盡量力求簡單，目標是從遠處也可以清楚辨識人物的姿勢。在這位母親的旁邊，預計還要畫 3 部腳踏車。

02-12 畫人物（小孩）

接著畫兩個小孩。當一幅畫中包含多個人物時，只要改變其肢體動作或臉部方向，就能營造視覺變化。這次畫中的 3 個人，我分別塑造成站著的母親、坐著的姊姊、彎腰的弟弟等不同姿勢。雖然並非一定要增添變化，但可當作畫面顯得單調乏味時的解決對策，因此大家不妨把這個方法記起來。

STEP 03 描繪細節

整幅畫如果細節太少，觀眾很快就看完了；反之如果細節太多，又變成失去焦點的大雜燴。因此接下來要幫畫面營造出輕重緩急的視覺張力，在畫面中創造可讓眼睛休息片刻的空間，以及可享受觀賞樂趣的細節。

03-1 替右側樹叢添加細節

幫畫面右側的樹叢添加細節。為了賦予更多變化，在此加入不同形狀的樹木。右側樹木顏色太深反而會顯得過於醒目，因此改成亮黃色。最後畫出樹叢投影在房屋黃色牆面上的陰影，也可以順便替屋頂加點細部修飾。

03-2 加上街燈與欄杆

在樹木前面的區域畫上路燈與車擋（四角形欄杆）。加上這些新形狀的元素，不只能替畫面增添豐富性，也衍生出路燈與樹叢、車擋與房屋這種前後關係，進而營造出豐富的空間深度。

03-3 根據空間深度配置物體

接著畫出一路排列到遠方的路燈。等距配置的元素，可以將人的視線自然引導到後方去。接著再畫路燈後方的房屋與樹叢。這些位於遠景的物體不僅很小，且細部也不容易看清楚，所以簡單處理即可。這裡一樣用「形狀」去掌握，並且也要營造出大小與形狀的變化。

03-4 替左側房屋添加細節

接著也替左側房屋添加細節。這間房子比較前面一點，所以我把窗戶畫得比較仔細，屋頂的上色也帶有變化。目前整個畫面中的顏色感覺有點多，因此我把屋頂的顏色改成藍色調，讓畫面更有整體感。

03-5 重新思考雲朵的形狀

審視整體構圖後，我決定稍微改變雲朵的形狀。試著把右前方的雲朵畫大一點，讓它和後方的雲朵產生更強的對比，不過我不確定這樣畫好不好。每次我畫雲的時候都經過一番苦戰，因為雲的形狀太自由，難以捉摸。這次我也是一如往常地感到棘手，暫時就先保持這樣吧，之後再來處理。

03-6 添加小河水面的細節

從畫雲朵的煩惱中重新振作，來畫小河水面的細節吧。這裡我使用比小河原本顏色更淡和更深的顏色，左右來回塗抹，畫出橫向的條紋。這裡我也有刻意避免線條太均等，讓寬度有粗細變化。接著，在草地和水面接觸的邊緣，用深藍色描繪細節。

03-7 描繪草地上的欄杆陰影

我在上底色時忘了先說，這幅畫的光源是設定在右前方，所以草地上應該會有欄杆的影子。畫陰影時，不只是要把顏色變深，我還會混入一點藍色。因此當陰影落在黃綠色的草地上時，顏色會偏綠；而落在河堤的褐色石牆上時，則會偏灰。至於往遠處延伸的石牆，我是根據空氣透視法，讓它接近亮藍色。

03-8 替欄杆的陰影添加細節

欄杆也有受光面和陰影面。受光面請選擇明亮的顏色，一根一根由上往下塗。像這種單調的元素，只要區分出亮部與暗部，就能衍生趣味與景深。此外，我用筆刷平塗時，容易因為塗抹不均而殘留欄杆原本的黑色，看起來有點斑駁，但這樣反而給人一種手繪的逼真感，因此不必刻意修補。

Point 3

加強景深的4種方法

想讓觀眾對畫作更有興趣，加強「景深（空間深度）」是很有效的手法。那麼，該如何營造出景深呢？以下為大家解說可以加強景深（空間深度）的 4 種方法。

<1. 尺寸>

人類會認為大的東西距離較近，小的東西較遠。左圖中的樹木有大小之分，因此可清楚看出樹木的遠近差異。

<2. 重疊>

物體互相重疊，即可看出前後的關係。左圖中的元素重疊，就會產生前後關係，因此看起來樹在房屋前面，房屋又在山的前面。這樣可以將視線逐步引導至後方。

<3. 往遠處延伸的元素>

多個元素往遠處延伸時，就有將視線引導至遠處的效果。左圖中因為路的存在，視線會沿著路往後面看，進而能感受到空間深度。

<4. 空氣透視法>

元素位於遠處時，會因為大量的空氣折射，顏色顯得比原本更亮、更藍、看起來會更朦朧。左圖的構圖雖然與上圖相同，但遠處的樹木與山看起來卻顯得更遠了。

路過的海濱／2019

這幅畫中，海浪的曲線延伸就像圖 3 的道路，能把視線引導至遠處。只要具備往遠處延伸的特性，例如綿延的電線或火車，都有引導視線的功能。此外，即使是沒有用線連接的事物，只要整齊排列也能發揮相同的效果。就像是把星星用看不見的線連接會成為星座，落在地面的小石頭，或是草原上隨處生長的異色小草，巧妙排列後即可成為將視線引導到遠處的元素。

隔壁小鎮／2020

空氣透視法並不只適用於遠處的景物。如果是濕度高的日子，有時也會讓數百公尺外的物體變朦朧。以這幅畫為例，愈往遠處看，建築物的顏色越淡，最後趨近白色並且融入天空，細節也消失到幾乎僅剩輪廓。

03-9 為草地添加細節

為了讓草地細節更豐富，在右側的草地上畫不同顏色的草叢與石頭。刻意只在某個區域添加細節，就能和後方空無一物的草地產生對比，這樣也能加強空間深度。

03-10 畫河堤的細節

接著替河堤左側的石壁添加細節。我先用白色調與橘色調等顏色塗抹幾筆，再來描繪菱格狀花紋。雖然沒有做得很明顯，但我刻意讓花紋愈往後方愈小，到中間就不畫了，藉此表現出空間深度。這與先前畫遠景時省略細部是相同的道理。

03-15 在草地上重疊顏色

繼續用相同的方法，一邊變換顏色一邊添加草叢。在已經上色的地方繼續塗其他的顏色，即可從空隙中透出下層的顏色，這樣可以營造出用顏料上色的質感。畫面中的顏色大致安排好後，即可用「取色滴管工具」一邊探色一邊上色。

03-16 描繪爬牆虎和房屋的漸層倒影

在河堤的牆面畫上綠色的爬牆虎，接著要在水面上畫出房屋的倒影。由於房屋的倒影比橋梁更加模糊，請使用選取工具（並搭配「自動」選取模式）選取水面範圍，然後用較弱的筆壓在水面範圍中約略塗抹幾筆漸層色倒影。

03-17 在水面上畫出草叢的倒影

接著請比照步驟 03-6 的方式，在草地和水面的交接處畫上比較深的藍色。有些雜草從水中探出頭來，也幫它們加上倒影。橋梁與房屋的高度和水面差很多，因此倒影會很模糊；但是草與水面的距離很近，因此會清楚倒映出草的形狀。

03-18 調整欄杆的高度

現在感覺左側的欄杆有點高，需要稍作調整，但我把所有內容都畫在同一個圖層，無法單獨修改欄杆。因此這邊是用「取色滴管工具」，吸取後方樹木的綠色，然後把太高的欄杆覆蓋掉，接著再補畫扶手。這種畫法雖然會花比較多的時間，但是會留下一些塗抹痕跡，這樣也很有味道，因此請帶著耐心去畫。最後我在河堤邊添加了招牌，並且在水面上畫一點人物的倒影。

03-23 新增圖層來畫天空

用「選取工具」的「自動」模式選取天空和雲朵區域，然後按「拷貝＆貼上」鈕，會新增一個只有天空的圖層（名稱是「從選取範圍」）。接著請在該圖層上方再新增圖層，並套用剪切遮罩（要套用剪切遮罩時，只要點一下圖層並執行「剪切遮罩」命令即可）。接著即可在該圖層畫雲朵。

03-24 替天空加入漸層色

我對目前的雲感覺不太滿意，因此先把套用剪切遮罩的圖層暫時填滿天空色（淡藍色）。填色的方法是按住右上方的「顏色」鈕，拖曳到畫布上的天空處，即可填滿顏色。接著請比照步驟 03-16 畫漸層倒影的方式，替天空加入漸層色。

03-25 描繪雲的細節以增添變化

先大致塗抹雲的形狀。在此階段，要開始花心思替前後的雲朵營造出大小差異。此外，雲不只有白色，也要畫些灰色的雲，讓雲的顏色也充滿變化。

03-26 添加雲彩

接下來請一邊用「取色滴管工具」吸取天空顏色，一邊畫雲的細節，亦可如圖畫一些細長的雲彩。

Point 4

雲的形狀與景深

畫雲的時候，重點是要一邊注意雲的「形狀」一邊畫。不只要注意單一雲朵的形狀，也必須隨時綜觀檢視整個天空，確保沒有畫出相同大小和形狀的雲朵。

畫雲時要注意「形狀」

在畫很多相似形狀的雲朵時，請賦予大小變化。此外，若能改變雲與雲的距離，也可以增添趣味性。

✕

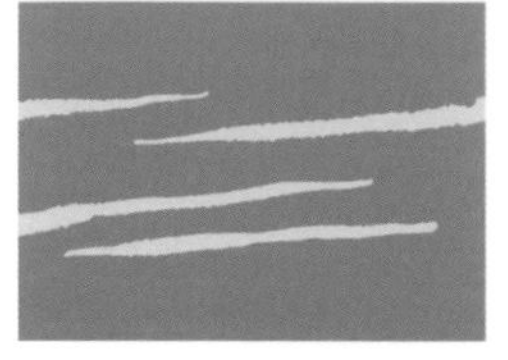

○

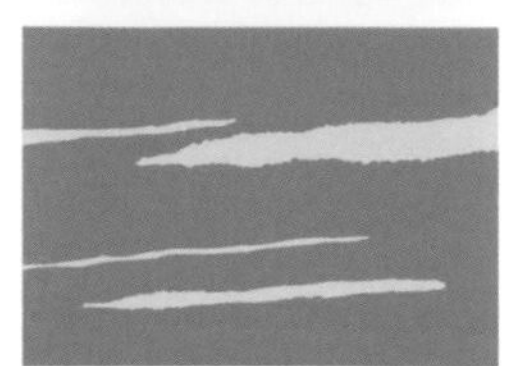

搭配組合不同形狀的雲朵時，不只是大小可以多加變化，雲的顏色與邊緣的處理也可以營造變化。在這次繪製的插畫中，我就安排了兩種雲，一種是大且形狀複雜的雲，另一種是細長的雲彩。大朵的雲我會加一點灰色，並且把邊緣模糊化；細長的雲彩則以白色調為主且讓邊緣清晰俐落，這些手法都是為了營造變化。

03-27 調整雲彩

目前橫向的雲有點多，有種莫名的速度感，因此用「取色滴管工具」吸取天空的藍色，塗掉部分的雲。

替雲營造景深

別忘了，天空也有遠近的差異，是帶有空間深度的。因此可以比照地面上的事物，將遠處的雲變小、近的雲變大，即可衍生遠近感。此外，遠處的雲可以看到側面，而頭上的雲只會看到底部，因此遠處的雲較平，近處的雲較圓。

以右圖為例，雖然地面上的元素不多，但多虧前後雲朵的大小差異，可強烈感受到空間深度。此外，遠處雖然聚集無數雲朵，但雲的形狀和顏色變化很豐富，因此形成一個值得細細品味的區域。

上圖引用自繪本《被遺忘的樹與獨角仙》(忘れてゆく樹とカブトムシ／harunosora 刊)

03-28 把天空與雲朵的界線模糊化

目前天空和雲朵的界線太清楚了，我想讓它們更自然地融合在一起。請吸取天空的顏色，把筆刷透明度設定為 50% 左右，然後用弱筆壓去塗抹交界區域。界線模糊後，可讓雲看起來更加柔和。不一定要把所有的界線都變模糊，請一邊檢視整體視覺平衡，適度保留較為清晰的界線，最後再稍微提高整幅畫的彩度，就完成了。

yomochi

よもち

Q1. 請您先做個簡單的自我介紹。

我畢業於武藏野美術大學，目前是自由接案的插畫家，各類型的工作都接，從書籍插畫到 MV（Music Video）都有。最近經手的工作有：索尼音樂 JUJU「あざみ」的 MV、KOKUYO「Campus 筆記本」封面封底的插畫、日本醫師會專門雜誌《DOCTOR-ASE》的封面插畫等。

Q2. 您平常都是如何構思插畫的創意？

我並不是從零開始發想創意，而是在日常生活中外出或是在想事情時，當我感受到「想要試著畫出來」的瞬間，就會構思如何用繪畫來呈現它，讓創意逐漸成形。

Q3. 您作畫時最重視的是什麼？

我會試著畫出彷彿定格畫面的構圖，特別重視背景的精細度，以及人物細膩的情感。為了讓作品更有說服力，我會努力將場景畫得更逼真，希望能讓觀眾感到身歷其境。

Q4. 您是如何搭配使用多種不同的繪畫工具？

我的創作手法是用實體水彩畫搭配數位繪圖軟體，包括 Photoshop、CLIP STUDIO PAINT 等。線稿和完稿我會用軟體製作，上色則是用透明水彩等實體畫材來上色。

05. 今後有任何想挑戰或想做的事情嗎？

我的作品是用實體畫材畫的，因此每張原畫都有其獨特個性與原創性。我希望有機會能展示與販售這些獨一無二的原畫，並繼續追求手繪特有的表現手法。

Scramble／2019

餵貓咪／2019

在星星融化的世界／2019

Epilogue／2019

電繪與手繪並用 結合數位與水彩 畫出都會景觀

插畫 & 解説
yomochi
Twitter@yOmOchi

OS ◆ iPad Pro・macOS Catalina
使用工具 ◆ CLIP STUDIO PAINT・Photoshop・透明水彩

這次我要畫的是大樓林立的都會區，可說是現代都市的象徵。我將結合實體畫材（透明水彩）來描繪這些冷冰冰又充滿複雜直線的建築物，避免將稜稜角角的建築物畫得太過銳利。此外我也會和大家分享我展現插畫魅力的獨家技法。

Concept 現代化的都會商圈與上班族

這幅畫的主題是「都會商圈」。如果要畫現代都市的風景，多數人都會聯想到都會區林立的辦公大樓。眾多的上班族在其中穿梭著，工作或休憩，各自訴說著自己的故事。以下我會先解說如何捕捉都會商圈的背景特徵，然後再說明如何安排場景中的人物。

描繪都會中林立的辦公大樓與穿梭其中的人群

這幅畫的構圖是以參差聳立的商辦大樓為背景，再將人物安排在場景之中，表現出從近景到遠景的強烈透視感。畫面中安排了光源方向，並將建築物投射的陰影融入構圖，即可強調建築物的重疊關係與空間深度，替畫面營造層次感。在冰冷的大樓間，刻意加入矮樹或行道樹等自然元素，藉由增加色彩數量，讓整體視覺更加美觀。本單元除了可以練習畫都會場景，也可以學到如何描繪植物、樹葉等自然元素。

STEP 01 畫線稿

完稿之前最重要的步驟，就是畫線稿。雖然這是最花時間的過程，但是線稿畫得越仔細，之後從上色到完稿的過程就會越輕鬆，而完成的畫作也會越精緻。大家可以先慢慢習慣畫線稿的感覺。

01-1 用 Clip Studio Paint 畫草稿

首先說明用來畫草稿的軟體。以下我主要是用 iPad 版的「Clip Studio Paint」軟體來畫草稿，介面如右圖所示，右側是圖層面板，左側則是工具面板和輔助工具面板。以下會先使用「鉛筆工具」來畫草稿。

※編註：為了方便讀者對照，以下皆使用Clip Studio Paint 1.12.7 繁體中文版來示範操作。若讀者使用的版本不同，介面或工具名稱可能會與本書稍有差異。

01-2 描繪大樓的輪廓線

上圖就是我的參考照片。在此我是運用單點透視法，用直線大致畫出每棟大樓的簡單輪廓線。礙於篇幅所限，透視原理我就先忽略不談，此階段的重點是注意整體的構圖，畫出具份量感的建築物輪廓。

01-3 描繪行道樹的輪廓

接下來要描繪建築物之間的行道樹輪廓。目前只是為了確認整體構圖而畫，只要畫出大概形狀就可以了。建議描繪時先區分出不同圖層，之後描繪時會更方便。詳細的樹木畫法請參照第 84 頁。

01-4 描繪大樓的窗戶

高樓大廈布滿了一格格的窗戶，我並不是一格格去描繪，而是先畫出縱橫交錯的格線。這邊我是把軟尺直接放在 iPad 上畫線，畫出幾條線後，為了節省時間，再反覆運用複製貼上功能，貼滿整個畫面。

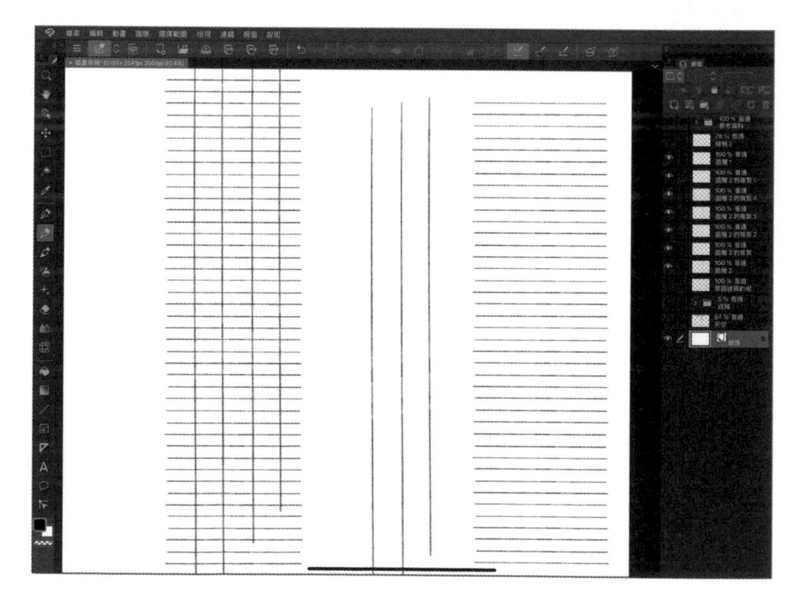

01-5 把窗戶的格線貼到大樓上

上個步驟畫好格線之後，請執行『編輯 / 變形 / 自由變形』命令，將格線貼到大樓上。若有超出大樓輪廓的部分，可以使用「選擇範圍工具」選起來刪除。請重複幾次，即可完成所有大樓的窗戶。詳細的步驟請參照第 83 頁。

01-6 描繪畫面中的近景和中景

接著要描繪從近景到中景的區域。例如道路周圍的護欄和斑馬線等，都是街景中不可或缺的元素。畫法是先畫其中一個，然後用複製貼上的方式重複配置即可。我在畫近景時會把筆刷設定得更粗，例如設定成 6～8pt，總之線條要比遠景粗，這樣一來就會有遠近的層次變化。

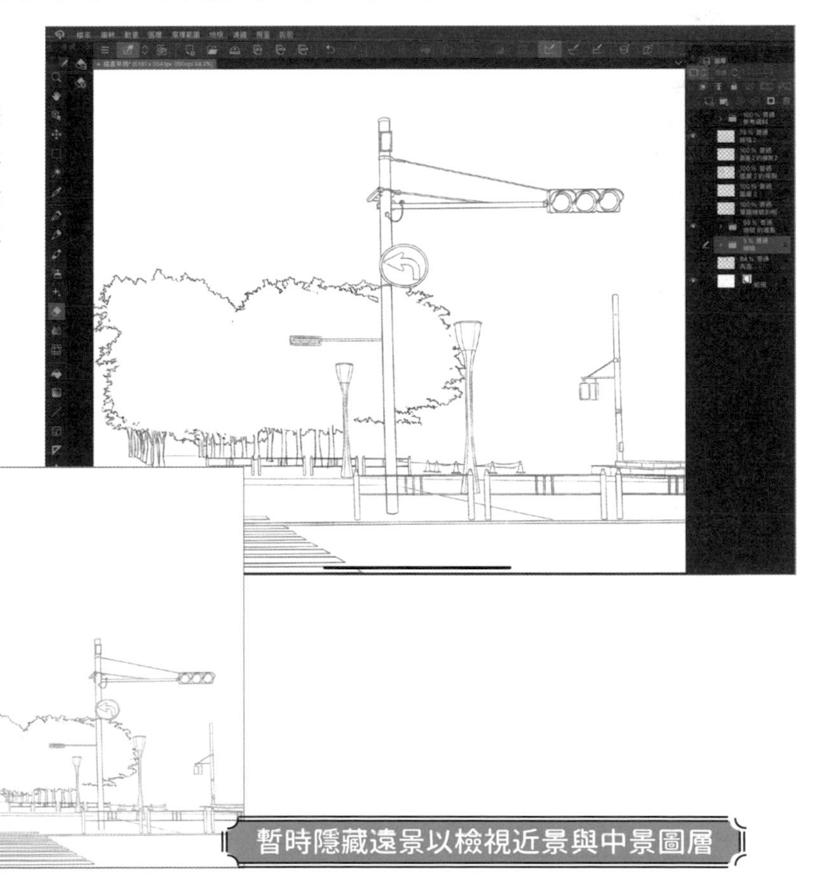

暫時隱藏遠景以檢視近景與中景圖層

01-7 描繪都市街景中的常見元素

近景、中景畫好後，已經大致接近都市的街景了。表現都市街景時，除了大樓和道路之外，建議也要把交通號誌、道路側溝、緣石、護欄等常見元素畫出來，可讓畫作更具說服力。

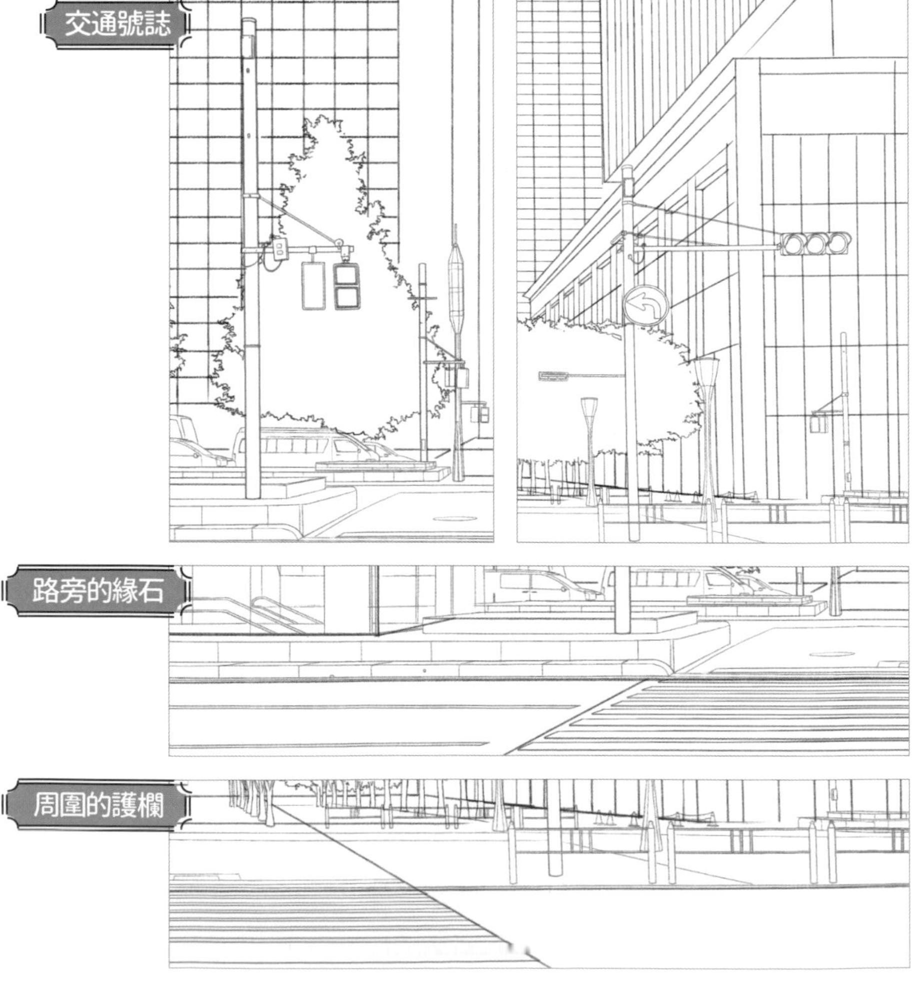

Point 1

大樓結構的描繪技法

擦除重疊的線條

步驟 01-4 我們是用複製貼上的方法來畫窗戶等細部格線結構，然後貼上大樓，這時可能會產生重疊的線。只要使用橡皮擦工具擦除重疊的線條（如右下圖中的紅色點線），即可表現前後關係與空間深度。

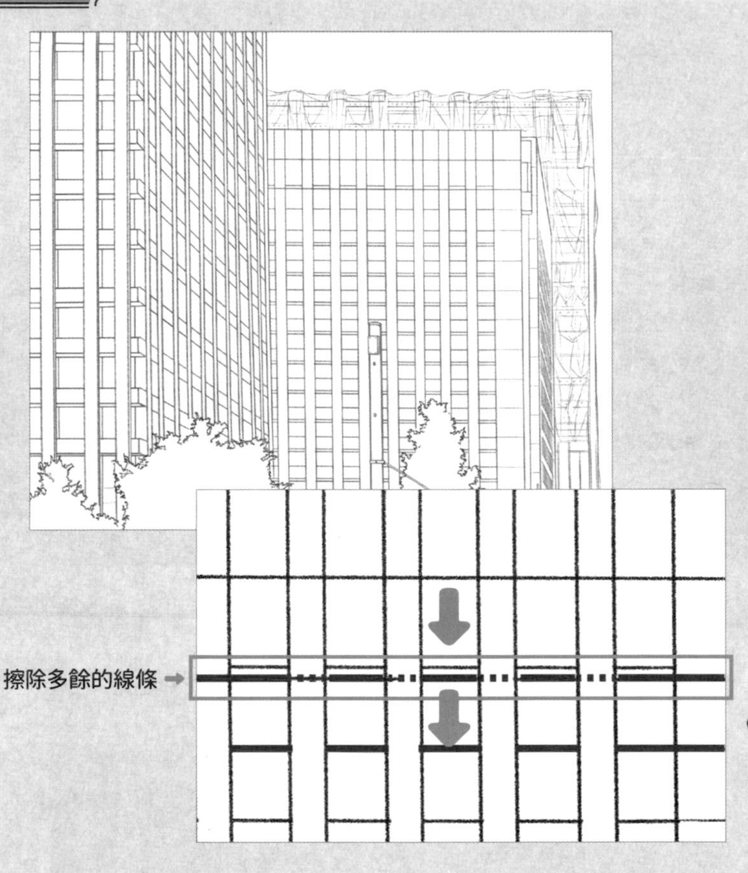

加入透視效果的情況

建築物側面的結構會有透視效果（遠近的大小差異），因此比較複雜。畫法是比照相同的方法，畫出其中一個元素再複製貼上，接著就要加入透視變化。請執行『編輯 / 變形 / 放大・縮小』命令，把越後面的物件縮得越小。建議比照下圖中的點線所示，先畫出透視線，再根據這些透視線縮小配置。

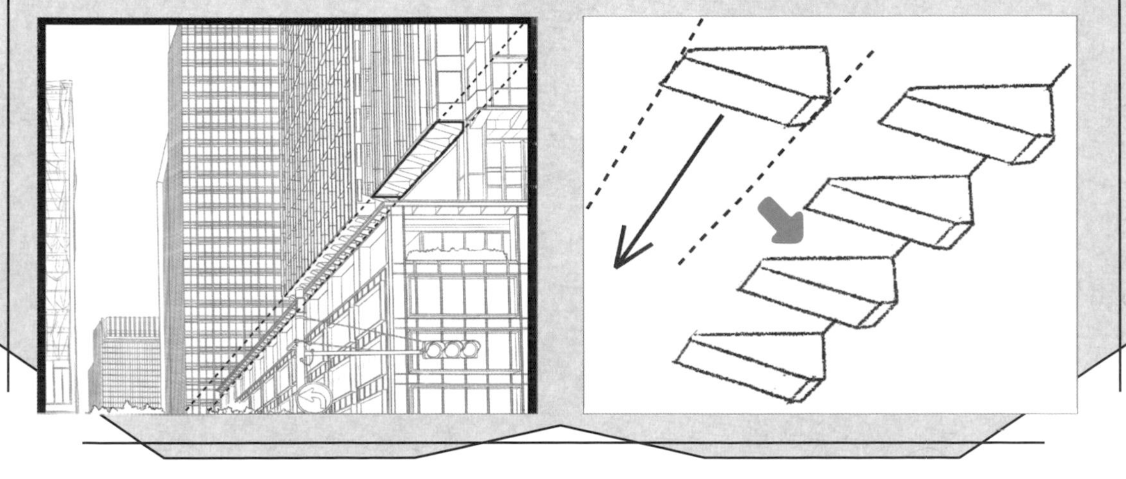

02-2 列印線稿

為了用水彩上色，我用 A3 印表機把線稿檔案印出來，並且特地印在丹迪紙（美術紙）上。接著就用紙膠帶把印出來的紙黏貼四邊，固定在畫板上。

02-3 畫材說明

接著說明我要用來手繪上色的畫材。我常用的水彩筆有平筆（平頭水彩筆）、圓筆（圓頭水彩筆）、細筆（小尺寸水彩筆）等，還有可以用來大範圍上色的水彩排刷。顏料則是透明水彩。

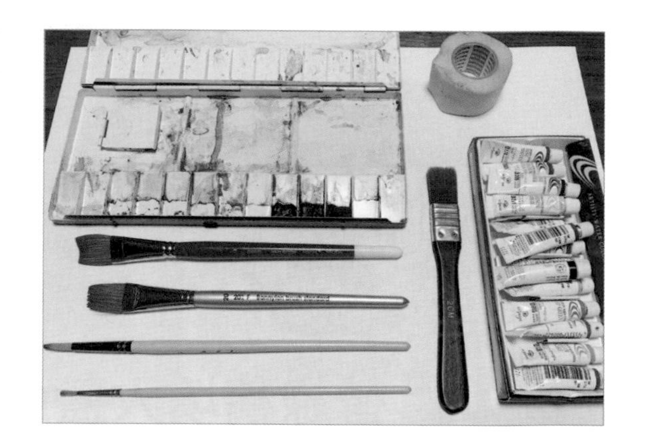

02-4 在整張紙上塗滿淡淡的底色

首先使用平筆，替整張紙刷上薄薄的藍色和綠色當作底色。在這個階段，我會一邊薄塗顏色，一邊明確地區分畫中的受光面與陰影面，大致決定好光影位置。與此同時，我上色時也會刻意製造一些筆觸的刷痕，當作上色的基底色。

02-5 在線稿上分區上色

底色完成之後，就開始在線稿上用圓筆或細筆分區上色，並描繪大樓的窗戶與樹木等細節。在這個階段要根據前面設定好的光源以及陰影的位置，以畫面中的暗部為主，要進一步畫得更仔細。因為是用真的水彩筆去畫，所以能夠表現出手繪作品特有的真實筆觸與刷痕。

02-6 掃描上色後的水彩紙

用水彩上色後，就完成作品整體的色彩配置，我準備再將這張水彩畫輸入到軟體中處理。等到水彩顏料充分乾燥後，請用掃描器把水彩紙掃描到 Clip Studio Paint 中。掃描後的檔案有可能會出現色偏現象，這點不必太過在意，因為之後會再調整色調或是加上特效處理。

Point 4

植物枝葉的描繪技巧

首先請分別建立畫樹枝的圖層和畫樹葉的圖層。接著用「沾水筆工具」畫樹枝。描繪時請讓末端逐漸變細，並會陸續產生分枝。

畫葉子時，先用單色塗出葉片，接著再用「橡皮擦工具」隨意地擦除，即可營造出蟲蛀的感覺。

畫好樹枝與樹葉的剪影之後，將兩者重疊以檢視效果。然後比照之前的做法，在圖層面板按下「鎖定透明圖元」鈕，先鎖住透明區域，接著即可使用水彩筆刷在枝葉上面上色。

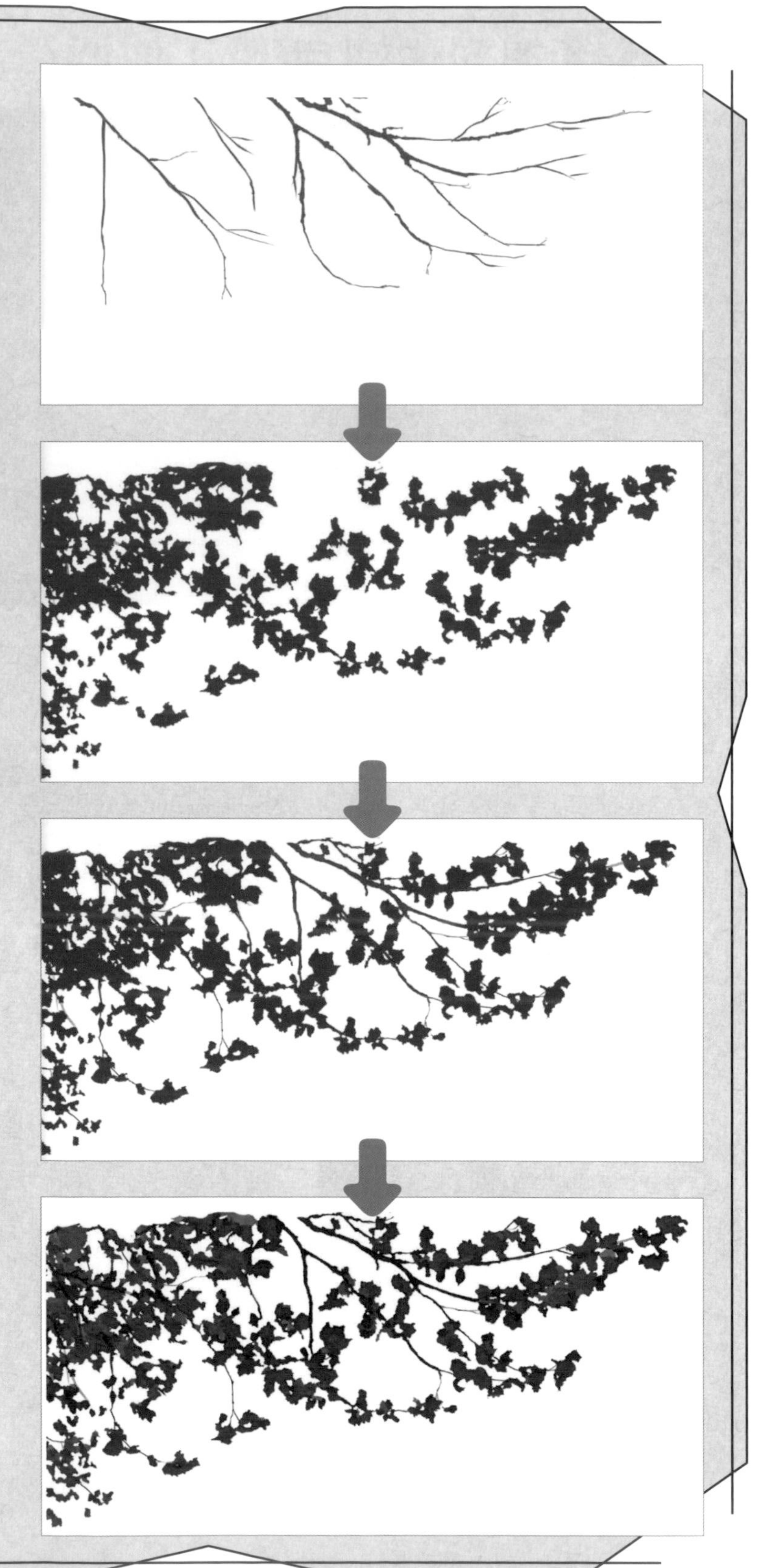

02-10 加入光影特效

接著加強光影效果。首先新增套用「濾色」模式的圖層，將不透明度設定為 30%。使用暖色系的橘色，參考大樓陰影的位置，在明亮區域大膽塗抹，表現光線斜射的效果。接著為了強調大樓上受光的部分，再新增套用「相加 (發光)」模式的圖層，然後使用「水彩圓筆」筆刷加工潤飾。此時請注意別讓塗好的顏色產生漏白。到這裡背景部分就全部完成了。

02-11 配置人物

畫都市景觀，人物是不可或缺的。本例是畫都會裡的辦公商圈，因此接下來要描繪以上班族為主的點景人物。首先要配置人物的位置，此階段請注意要在近景～遠景都配置人物，並且要賦予每個人物不同的動作，以打造出各式各樣的故事。這幅畫的構圖是採用單點透視法，因此越往遠處，人會越小，請參考此原則並且將人物重疊配置。另一方面，上班族的服裝應該是以西裝為主，我畫出了並肩暢談的兩人、面向某處的某人、停下腳步好像在調查些什麼的人等，為人們想像出各式各樣的故事並且表現出來。

02-12 為人物上色

安排好人物的位置後，即可幫他們上色。這裡不使用實體顏料，只用 Clip Studio Paint 內建的水彩筆刷來潤飾。因為是畫辦公商圈，人物大多是上班族，所以服裝不宜太過花俏，而是選擇成熟穩重的色彩，然後用「色彩增值」圖層畫陰影。上色時請別忘了光源是在右上方。近景的人物有必要畫出一定程度的細節，而中景到遠景的人物就不必畫得太仔細。最後加上明暗色調的差異，就完成具輕重層次的表現。

02-13 仔細修飾每個人物

替所有人物都完成上色之後，根據背景檢視整體色調與亮度的平衡，一邊繼續仔細修飾每個人物。畫面前方的女性，由於是近景因此使用暗色調，中景的人物則是亮色調，這樣安排後，就完成將視線誘導至遠方的構圖。請再新增圖層，設定為「色彩增值」混合模式，再畫出每個人物落在地面上的影子。這裡是使用不透明度約 40% 的灰色來畫陰影。

02-14 用 Photoshop 潤飾

終於到了收尾的階段，最後我會用 Photoshop 來進行色調與亮度的最終潤飾。請先用 Clip Studio Paint 將原始檔輸出成 psd 格式，再用 Photoshop 開啟該 psd 檔。接著在 Photoshop 新增調整圖層來調整亮度。有陽光的戶外因為有空氣折射，用「曲線」把對比降低、明暗度調亮後，即可表現更真實的空氣感。接著將彩度提升至 +35% 左右，可讓色調更鮮明。

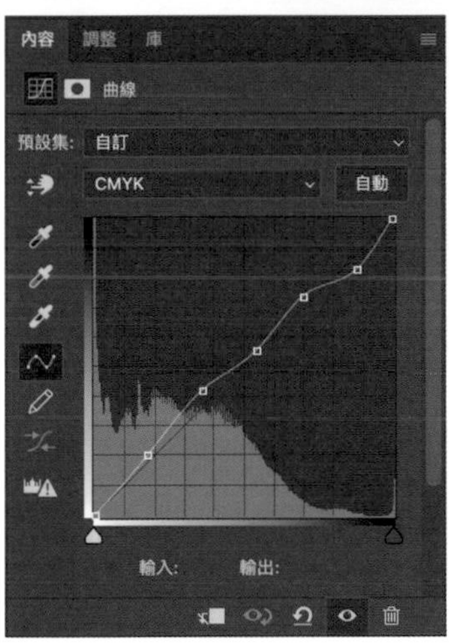

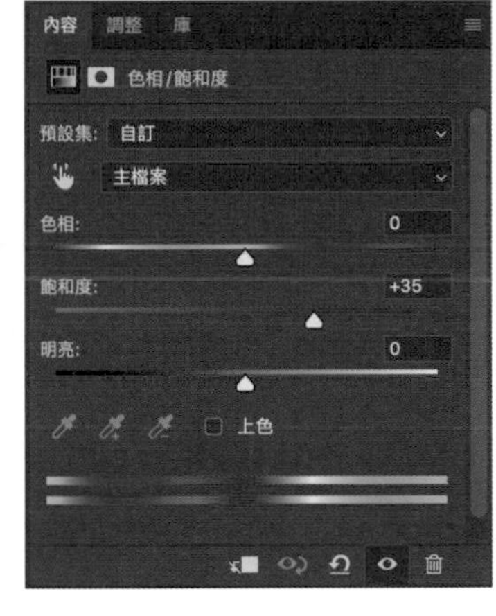

02-15 完成

到此終於畫完了，整幅畫大功告成。

歩行者
自
専用

Illustration with a concept
03
yomochi

台灣巷弄散步-01／2020

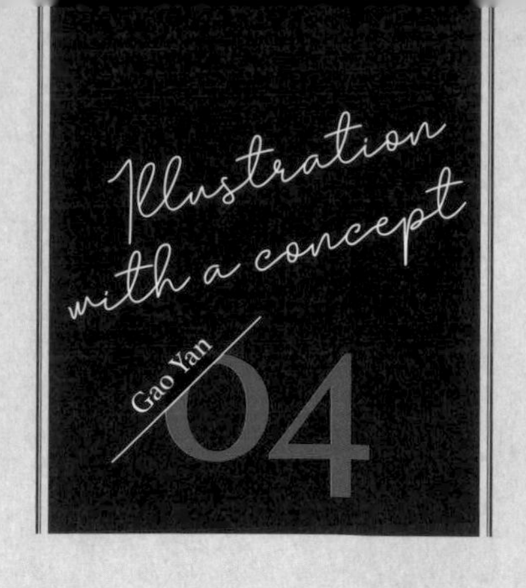

以手繪風的筆刷搭配恬靜的色調營造出柔和的畫面

插畫 & 解說
高妍
Twitter@_gao_yan
Instagram@_gao_yan

OS ◆ macOS Catalina (Macbook Pro)
使用工具 ◆ Adobe Photoshop 2020

以手繪風筆觸與柔和的色調，描繪台灣具歷史性的寺廟建築。在描繪的過程中，可充分感受到沉穩的氣氛與空氣感。

Concept 描繪台灣的傳統建築

台灣的人氣觀光景點龍山寺

龍山寺簡介

台灣到處都有寺廟，而龍山寺是其中最有名且面積最大的，位於台灣台北市萬華區（舊稱艋舺地區）。龍山寺建造於西元 1738 年，當時是清朝統治時期，可說是台北市內最古老的寺廟，也是一間同時受到道教與儒教影響的佛教寺廟。龍山寺在 1985 年被列為臺北市直轄市定古蹟，2018 年升格為國定古蹟。龍山寺附近有個知名夜市（華西街夜市），早期以蛇類料理而聞名，近年蛇類料理比較少見了。這一帶的交通相當便利，是台灣知名的觀光景點。

為了讓大家感受到台灣獨特的歷史與傳統，我的創作主題選擇了位於台北的龍山寺。我沒有畫過寺廟，因此我先大致決定好構圖與角度，再去實地拍攝照片，然後一邊看著照片一邊完成這幅插畫。

STEP 01 畫草圖

畫草圖是很重要的步驟。整體構圖能否取得平衡，取決於草圖的好壞。為了正確描繪建築物等主體的立體表現，我覺得多花點時間畫草圖應該會比較好。雖然草圖很重要，但這過程我不怎麼喜歡就是了。

01-1 ◈ 用鉛筆筆刷畫草圖

首先來打草稿。
我是在 Photoshop「筆刷工具」中選擇鉛筆類的筆刷來畫，因此可以依筆壓改變筆觸的濃淡。

使用的是鉛筆類的筆刷

10pt　7pt　濃淡變化　7pt

01-2 ◈ 替草圖初步上色

草圖完成後，先塗上簡單的配色。

02-5◈ 完成背景與人物的線稿

接著顯示所有圖層，把背景和人物的線稿一起看，會是這種感覺。

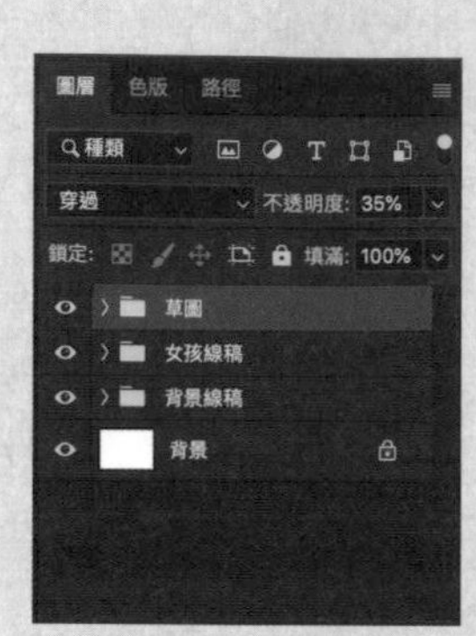

02-6◈ 確認整體線稿

再次隱藏草圖圖層，確認整體線稿。

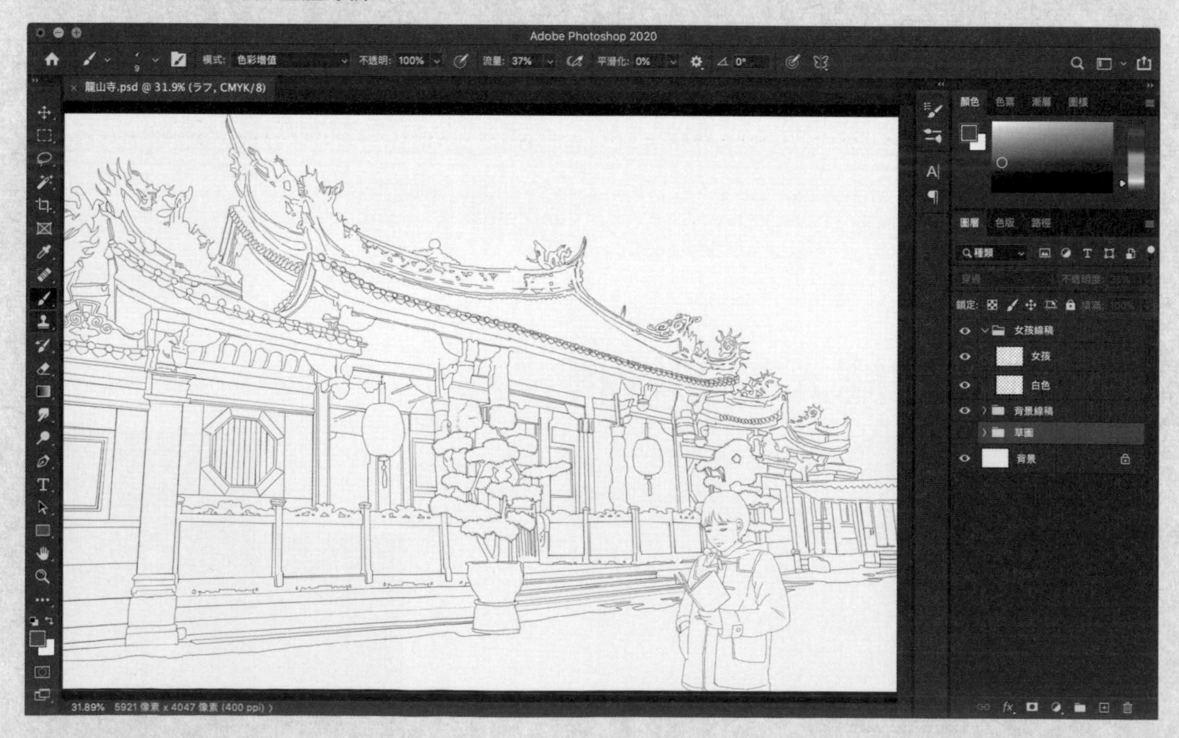

STEP 03 上色

對我來說，上色是我最快樂的階段。根據色彩的組合搭配，就會呈現出截然不同的氣氛與個性，讓我深深著迷。即使有構圖的缺失，也可透過上色去彌補。同樣地，如果色彩不夠協調，即使構圖再好都無法吸引人。

03-1 替植物上色

首先替圖中的植物上色。為了表現葉片的柔和感，我習慣先刪除植物的線稿再上色。或是乾脆從一開始就不畫線條，直接用顏色來表現。

Point 1 植物的上色技巧

下圖是我以前畫過有植物的作品。這些植物都沒有畫輪廓線，是直接上色的。
我覺得這樣畫就能表現植物的柔和感。

03-4◎ 替屋頂內側的部分上色

接著畫屋頂內側的部分。

03-5◎ 替石牆上色

接著替廟門正面的石牆上色。為了要模擬石頭的質感，我選用小尺寸的筆刷，畫出細緻的質感。

03-6◎ 描繪石牆上的紋理

石牆上的紋理，我是用右圖的畫法上色。我先將筆刷的上色模式設定為「色彩增值」，讓筆觸重疊區域的顏色變深。然後用「滴管工具」探取變深部分的顏色，再去畫接續的深色部分，就像這樣，重複這個流程去描繪深色紋理。

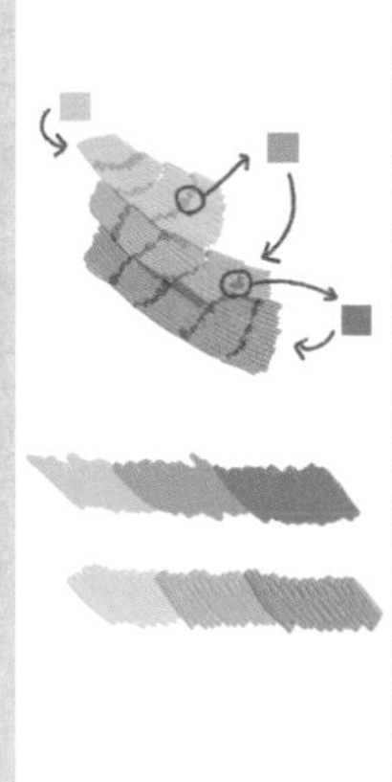

03-7 ◈ 替欄杆上色

替廟門前的欄杆塗上顏色。

03-8 ◈ 替樓梯上色

替欄杆下方的樓梯塗上顏色。

03-9 ◈ 畫地面上的陰影

接著在樓梯下方畫寺廟的陰影以及地面的顏色。我畫陰影的方式和畫植物時相同，會先把陰影的輪廓線刪除後再塗顏色。

04-2 ◈ 繼續添加陰影並營造立體感

繼續比照前面的步驟來畫陰影。

畫陰影時的技巧與訣竅，拘謹一點的說法是，我會根據畫面中所設定的光源，確實區分出亮部與暗部，然後在暗部加深陰影。

陰影的顏色我都是用無彩度的灰色或黑色。這是因為如果我用有彩度的顏色去畫暗部，會讓整體的顏色都變混濁。請參考下方的示意圖，和上圖相比，下圖的色彩比較容易變髒，因此請盡量避免用具彩度的顏色畫暗部。

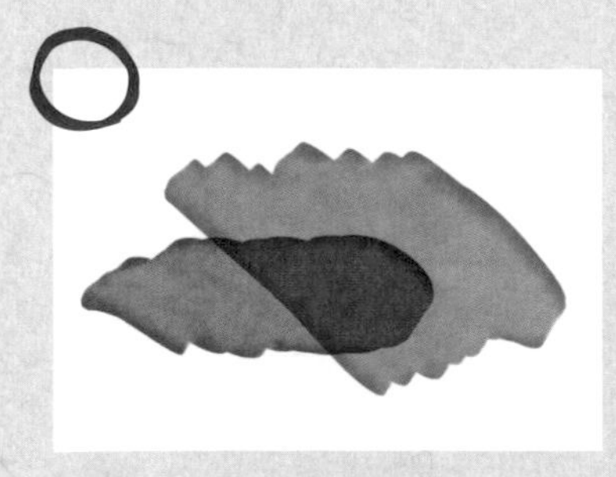

04-3 替人物加深陰影

把人物的陰影也塗得更深。

04-4 在人物周圍添加光暈

為了區分人物與背景，我會在人物的頭部、肩膀周圍，用最淺的顏色畫出模糊的光暈。

04-5 調整後完稿

最後再仔細調整畫面整體的亮度與對比，就完成了。

Point 3

色彩的使用原則與配色技巧

用色的平衡

在我的作品中，基本上不太會用鮮豔的色彩，主要都是灰色調。因為我想營造出柔和、恬靜的氣氛，所以選色就顯得相當重要。我的用色原則是，將顏色分為暖色系與寒色系，暖色系（紅、橘等色）會使用高彩度的顏色，寒色系（綠、藍等色）則只用差不多中等彩度的色彩。其中也有完全不使用的顏色。

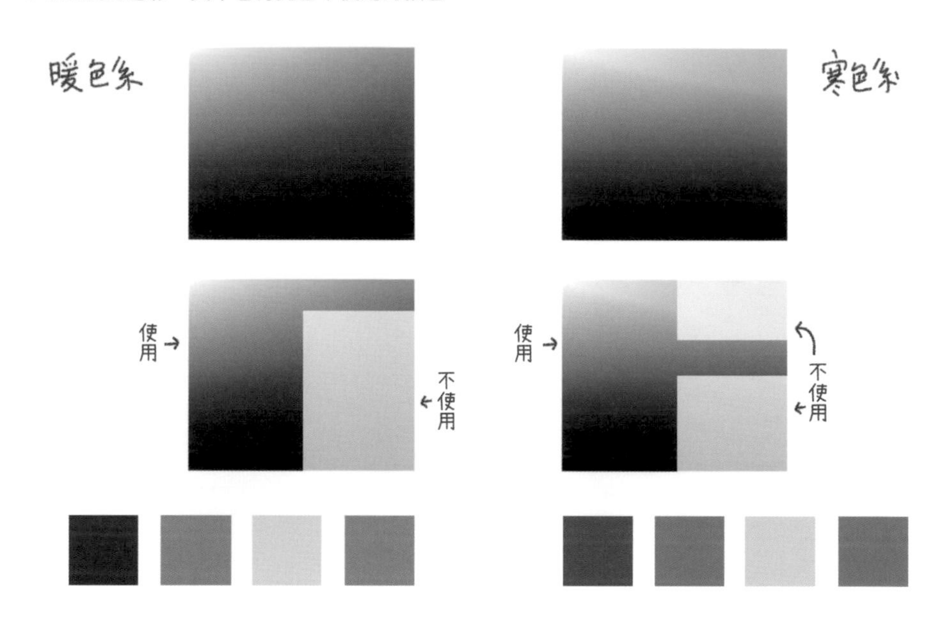

自製色相環

以色相環為例，左圖是一般的色相環，右圖則是我自製的色相環。沒什麼特殊的理由，總之我個人不太會用到紫色。此外，基於上述的原因，我也不會使用太鮮豔的顏色。

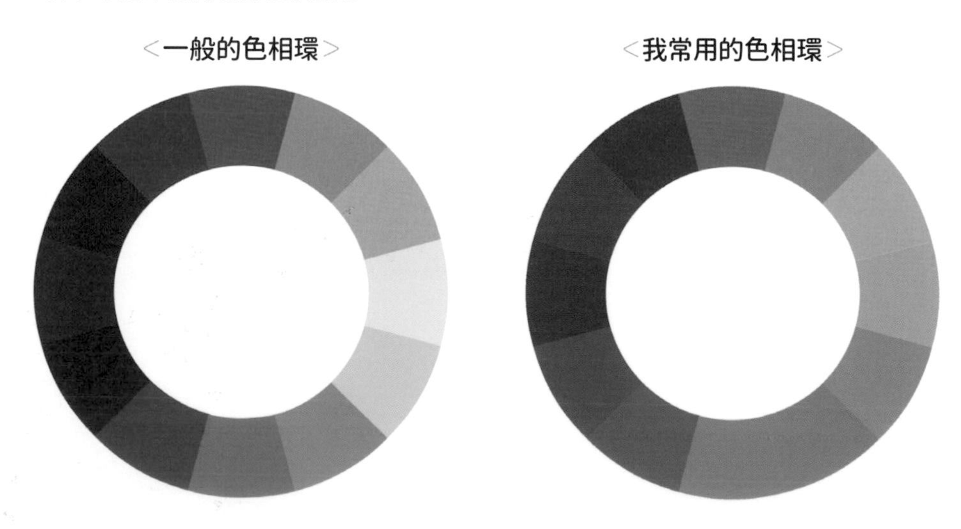

插畫完稿中使用到的顏色

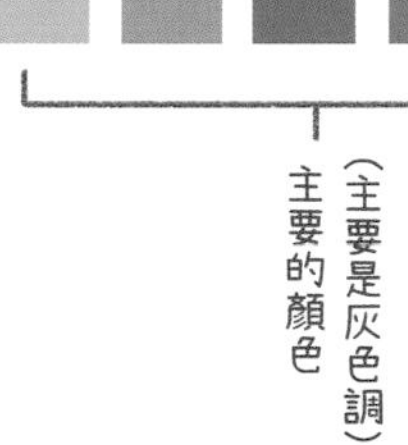

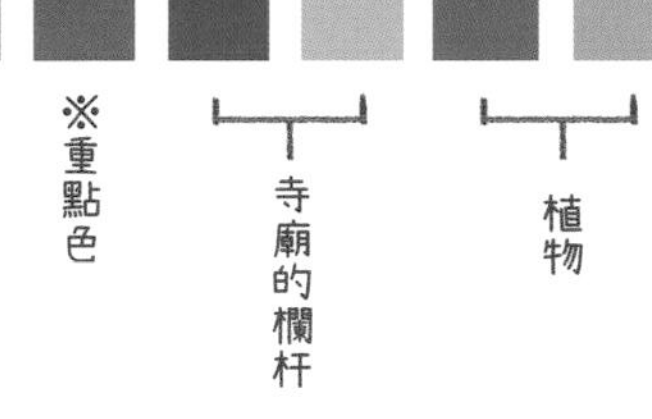

＜1. 插畫中主要的構成色＞

如果顏色太多，容易變得混濁，因此我在一個畫面之中最多只會用到 4 種左右的色彩，再變化其亮度與彩度。以這次的作品為例，便是由以下這 4 種顏色構成。

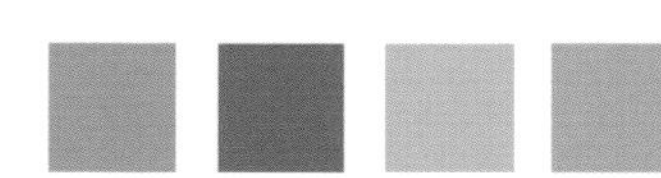

＜2. 插畫中用到的所有顏色＞

更仔細地說，這幅畫的整體，都是由以下這 12 種色相與彩度相近的顏色所構成。

＜3. 主要使用的顏色＞

插畫中主要的顏色，使用了以下 6 種灰色調（用在石牆、屋頂的裝飾、內側的部分）。理由除了我個人的喜好外，還有灰色調較容易營造寧靜、柔和的畫面。

＜4. 用於強調的重點色＞

如果整幅畫全都是灰色調，容易缺乏焦點，因此在局部點綴較明亮的色彩。以這幅畫來說，就是欄杆的藍色和植物的綠色。我配色的重點，是在灰色調之外只用一個重點色。選色純屬個人喜好，大多是紅色（這次也是）。在人物的衣服、寺廟的屋頂、燈籠等處都使用了紅色。

banishment バニッシュメント

Q1. 請您先做個簡單的自我介紹。

我是 banishiment，插畫家與動畫創作者，工作上的創作涵蓋廣告、音樂、書籍、遊戲等各領域。至於原創作品，有時我會一次創作出整個系列，有時也會單純畫下我覺得美麗的事物。目前的創作以影像作品為主，希望運用各種媒體拓展插畫的表現方式。

Q2. 您平常都是如何構思插畫的創意？

就像我為本書創作的這幅插畫，我通常會根據主題，從風景照開始發揮想像力，或是描繪我在夢中見到的景象，有時候還會用 3D 軟體邊玩邊想。當我慢慢發想出作品大概的走向，就會一邊畫草圖一邊摸索出形象與輪廓。

Q3. 您作畫時最重視的是什麼？

總之就是要樂在其中。如果是抱持著抗拒的心情畫出來的圖，通常都不會是好作品。所以我覺得最重要的是，要喜歡自己創作的主題，然後才能徹底發揮它的魅力。

Q4. 您是如何搭配使用多種不同的繪畫工具？

我會根據想要表現的內容去挑選最適合的工具。例如要表現柔和感時，就用筆刷工具；如果要表現透視感或是畫堅硬的物體，就用鋼筆工具。需要光斑或是模糊等特效時，會用影像編修軟體去處理；如果要畫人物的線稿，則會使用 Clip Studio Paint 來畫，像這樣視情況搭配多種軟體來完成一幅畫。只要掌握工具的特性，就能靈活運用。

Q5. 今後有任何想挑戰或想做的事情嗎？

我現在有個遠大的目標，就是要製作中、長篇的動畫作品。我想創作的東西，與其用靜態的畫面，我覺得更像是去說一個故事，所以我希望能製作一個完整的影視作品。

吞沒／2019

記憶中的異世界／2019

一躍入夏／2019

七夕的幽靈／2020

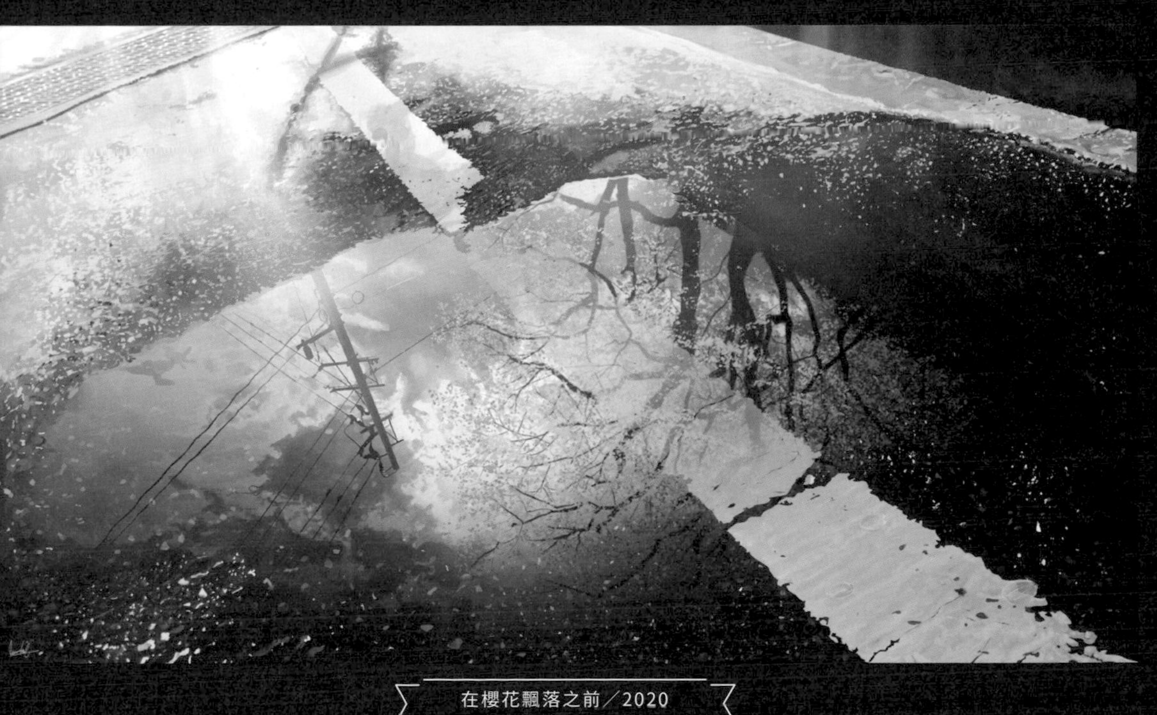

在櫻花飄落之前／2020

forget – me - not／2019

水面下的燈光／2019

Illustration with a concept

banishment 05

具有景深的細緻背景 搭配水面反射的虛像 打造出迷人的夢幻世界

插畫 & 解說

banishment

Twitter@yokaibanish

OS ◆ Windows 10
使用工具 ◆ Photoshop、CLIP STUDIO PAINT

我小時候常常在河邊玩，每到傍晚時，突然吹起一陣涼風拂過肌膚，我就會想回家。這次的插畫，我特別想表現從黃昏進入夜晚時這種難以言喻、令人敬畏的景觀和清涼的空氣感。

Concept 表現插畫特有的空氣感

畫畫的時候，首先應該要思考的就是「要畫什麼」。以我來說，如果已經決定主題，大多會根據主題去翻找我以前拍過的照片，讓偶遇的景色激發我的想像力，最終匯聚成一個畫面。我覺得繪畫的優勢就是能表現出光憑照片無法傳達的空氣感，所以我非常重視我在現場時感受到的靈感。

做為插畫靈感來源的風景照

這次的作品，我是以東京神奈川縣多摩川周邊造訪過的景色為基礎，結合我的想像與實景來構成插畫。

STEP 01 畫草圖

首先來畫草圖。為了縮短時間，我幾乎只有用 Photoshop 的筆刷工具就大概畫完整張的草圖。「跳入天空」是我最近常常畫的主題，所以我會把天空畫在地面上，並創作出許多彷彿被重力吸入天空的畫作。

01-1 在日常生活中尋找小小的違和感

這次的作品為了呼應我常畫的系列主題（跳入天空），我發想的構圖是坐在欄杆上往下俯瞰河邊道路，同時讓路面的積水反射天空。我刻意安排了積水的位置，水面的波紋會將反射的虛像變形，稍微削弱被吸進去的感覺。虛像中的景色是直接反映實體的景象，但是刻意畫成老舊斑駁的感覺。我幻想著一種隱藏在日常生活中的違和感，並盡可能地讓它們看起來很自然。

STEP 02 描繪立體面來構圖

草圖完成後，就要決定正式的構圖。這幅畫必備的元素包括：

・黃昏時分坐在交通號誌上的少女　・傍晚的天空
・具有景深的欄杆與街道　・地面上的積水與虛像

我將利用這 4 種元素塑造出讓人印象深刻的畫面。先決定好道路與畫面中心的建築物、接觸地面的區域，再以這些為基準，畫出透視參考線。道路與建築物要表現透視，因此越往後方會越縮小變窄，程度依整體的寬度去決定，效果類似用相機拍攝時的廣角或望遠取景構圖。這個步驟要決定地平線和上下方向的消失點，因此要替每個物件製作地平線上的消失點，再利用這些去打造空間。透視圖法是打造空間時必備的技術，但過度依賴的話會給人生硬的感覺，建議根據想表現的內容靈活運用。

02-1 畫出透視參考線

右圖中的紅線是地平線，藍線是垂直的透視參考線、綠線是道路的透視參考線。一邊注意到地平線與垂直方向的透視參考線，一邊畫出物體的大概形狀。目前這個階段，畫這些透視線是用來決定物體形狀與基本顏色。理想的情況下，這個階段完成後就只剩上色，要注意的是，如果製作得太過繁瑣，會花很多時間。

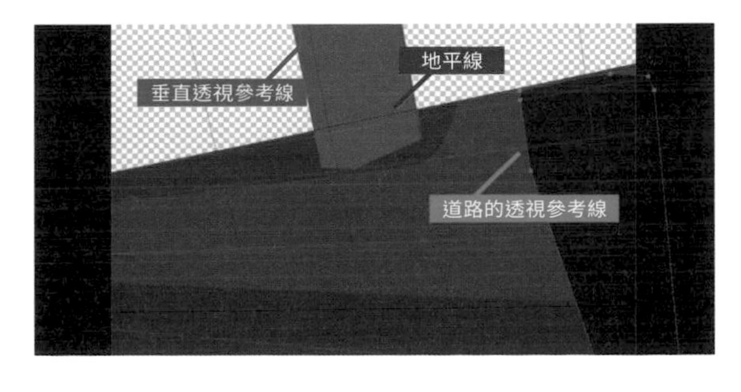

02-5 快速製作規則分布的物件

規則分布的物件，例如斑馬線上的色塊，可用形狀工具先畫一個零件然後複製。如右圖是用「矩形工具」畫矩形，複製、並排後執行『合併形狀』命令，再使用『任意變形』功能調整形狀，就可以變成梯子。畫斑馬線也可以用這個方法。

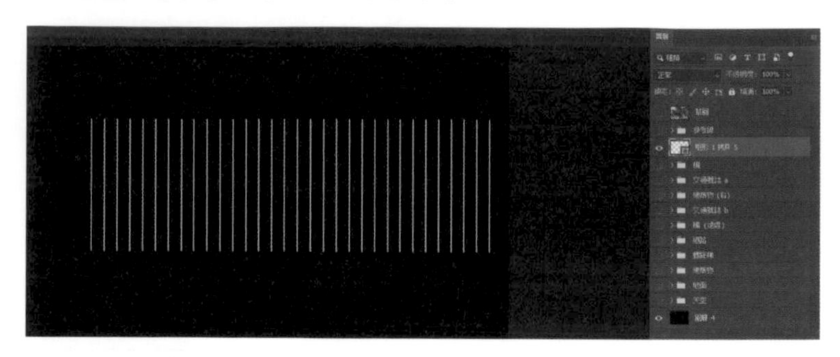

02-6 根據透視法將物件變形

建築物上規則排列的窗戶也可以用矩形工具來畫。請先做好正面角度的窗框，然後複製物件並合併，再比照上一個步驟變形，使窗戶形狀符合透視效果。

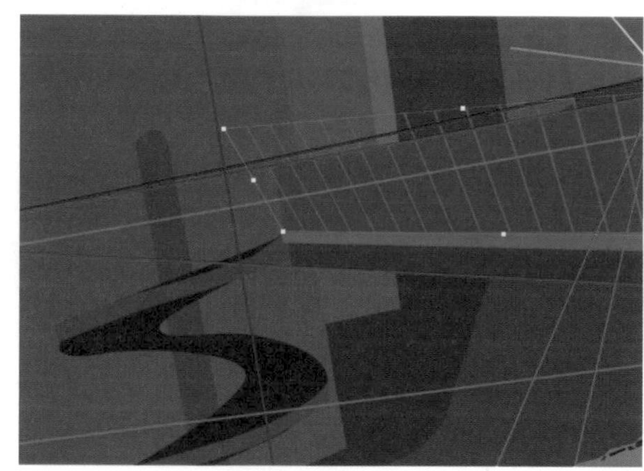

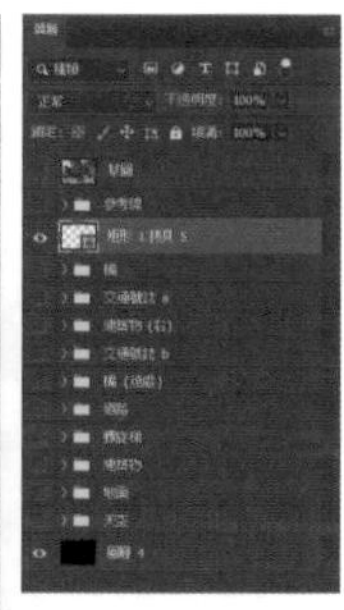

02-7 描繪背景中的物件

背景中的物件，我基本上都是照著資料照片的建築樣式去描繪。當然你也可以依自己的喜好自由造型，但我覺得讓背景介於真實與虛構間看起來會比較自然，我是以想呈現的空氣感為優先來挑選表現手法。如果想畫原創的街道，就必須從零開始想，這會消耗大量的卡路里。遠景中還有一些物件，例如建築物窗戶、交通號誌、電線和植物等，我覺得比較適合用筆刷工具表現，在用鋼筆工具畫完其他物件之後，接著就要改用筆刷工具來畫。

02-8 把物件各自安排在不同的圖層

畫中這些複雜的物件，我的原則是從離鏡頭最近的物件開始畫，所以右圖的描繪順序依序為橋梁→交通號誌→建築物→道路→天空。到此背景的大概內容都已經決定好了。接下來就要安排人物。

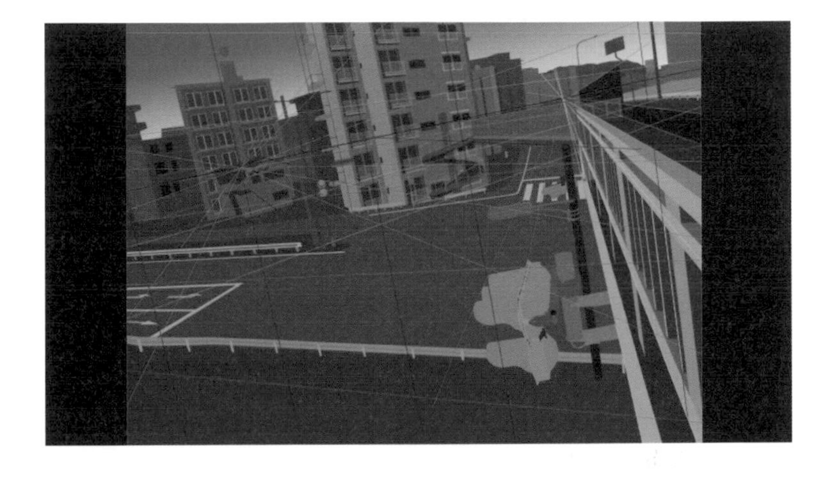

02-9 切換到 Clip Studio Paint 中描繪人物

人物要切換到「Clip Studio Paint」中作畫。請複製目前完成的背景，然後切換到「Clip Studio Paint」中並貼上。為了容易辨識線稿，我在背景上新增一個半透明的白色圖層作為畫布。

請依照透視參考線畫出人物的粗略草圖，根據我的構圖，人物會坐在號誌燈上，頭部和背景融為一體。接著請進一步畫成確認的線稿，並塗上簡單的單色。

< CLIP STUDIO PAINT >

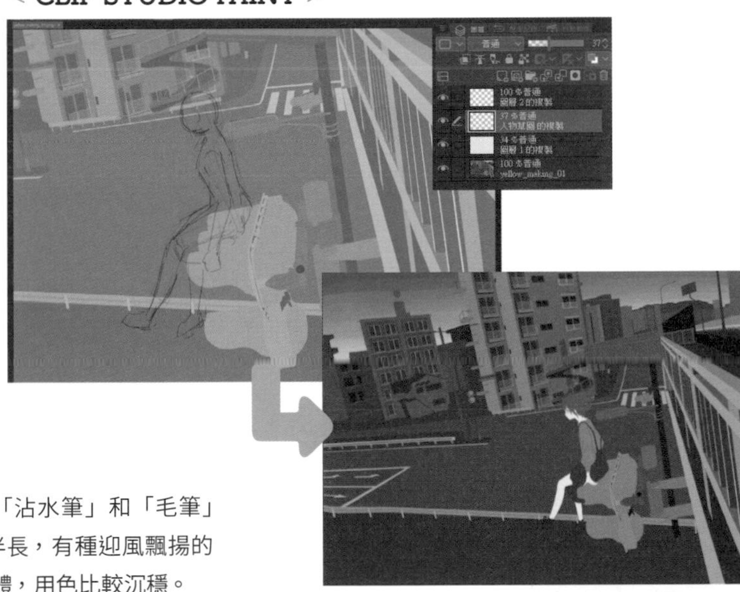

確認線稿後，請隱藏草稿，用內建的「沾水筆」和「毛筆」工具仔細描繪人物。這個女孩的頭髮半長，有種迎風飄揚的感覺，裙子下擺很寬。這邊為了配合整體，用色比較沉穩。上色時建議要分層作畫，區分出頭髮線稿、頭髮色彩、身體線稿、身體色彩等圖層，必要時還可以區分出膚色與服裝的圖層，集中放入「人物」圖層資料夾中（可參考第 138 頁），之後上色時會更有效率。

人物畫好後，請在 Clip Studio Paint 中另存為 PSD 檔，再回到 Photoshop 中開啟，並將所有必要的圖層複製到背景所在的檔案內，接下來將使用 Photoshop 繼續描繪。

< Photoshop >

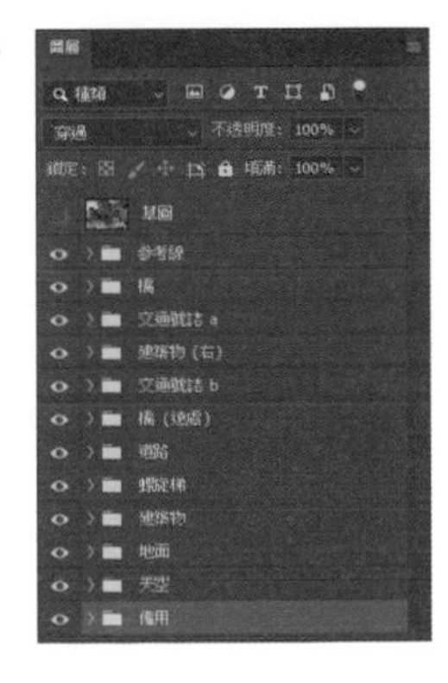

STEP 03 描繪天空區域

在我的作品中，作品的色彩大多是取決於天空的顏色。因此，天空畫得越仔細，之後的繪製作業就會越輕鬆。這幅畫我將畫出黃色調的天空，營造夕陽西沉、逐漸轉入夜晚的感覺。我找到符合條件的天空照片後，先從雲朵後方的漸層色天空開始畫。這裡要使用漸層工具與筆刷工具。

03-1 製作漸層色的天空

觀察我手中各式各樣的天空照片、找到我喜歡的天空顏色之後，即可決定要製作的漸層色。活用這些色彩組合以及圖層模式，即可營造出空氣的透明感。這邊做為簡單的例子，我準備了中等明度①的漸層色做為基底，再於上層重疊對比度高②的漸層色，然後用「覆蓋」圖層模式，即可製作出簡潔的傍晚天空景色。

中等明度①的天空漸層色

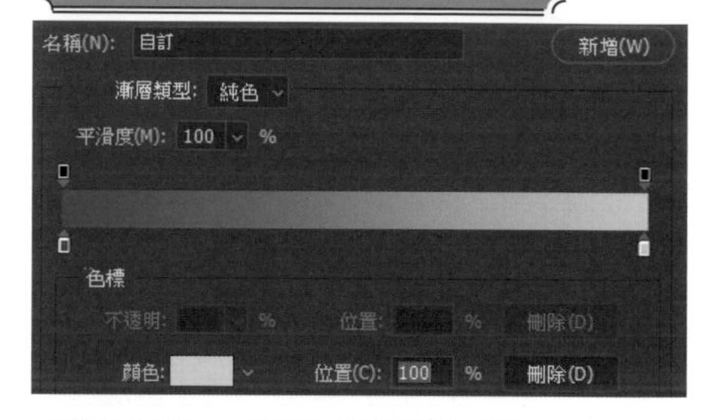

對比度高②的天空漸層色

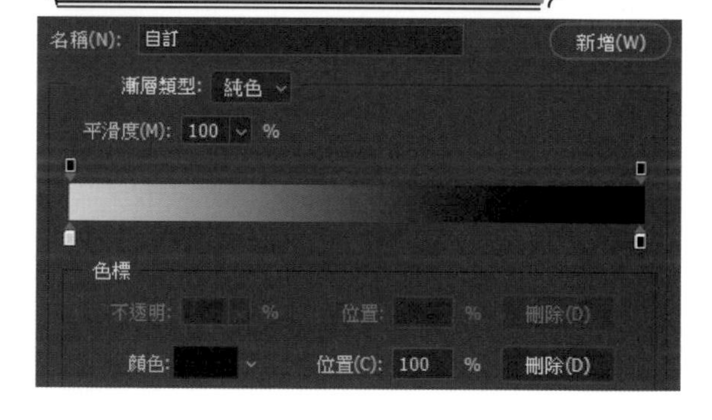

03-2 描繪雲彩

右圖就是目前的天空顏色，接著要畫出天空中的雲彩。雲的基本顏色若使用「中等明度①的漸層色」，即可畫出色彩協調的雲彩。

03-3 描繪逆光的雲彩

由於是設定夕陽時分，太陽的位置在雲的後方偏下處，也就是說雲彩應該是逆光的狀態。因此請把①的明度降低後再畫，才能模仿逆光的效果。附帶一提，如果是直接受光（順光）的雲，把①的顏色明度提高後使用，即可作為雲的基本色。

03-4 潤飾天空的細節

畫完基本的雲彩，再來潤飾細部，這裡我增加幾種顏色來畫，想要讓天空的細節更加豐富，包括「雲的固有色」、「隨大氣水分改變的陽光色彩」、「可隨空氣流動改變的雲彩形狀」等各式各樣的元素。看起來雖然豐富，想太多會變得很麻煩，如果你有自己拍攝的照片，也可以參考後製作出屬於自己的天空。

活用天空的資料照片

下圖是我這幅畫所參考的天空資料照片。
即使是傍晚的天色，也可清楚看到藍天，是一幅很清爽的作品。

03-5 根據想要的氣氛調整色彩

夕陽時刻的天空畫法，是在天空的高處使用明度低且偏寒色的色彩；接近地平線的位置則是明度高且偏暖色的色彩。如果想要展現自己的獨特風格，可以在中間色做變化。舉例來說，空氣清澈的天空會帶點綠色調，可疊上明度與彩度更強的顏色；若是烏雲密布的天空，則要降低彩度；亦可疊上亮色，營造出想要的氣氛。

03-6 完成天空

畫完天空與雲彩之後，將這些圖層拉到圖層面板最下層，下個步驟起我將以天空的顏色為基準，用筆刷工具畫建築物。

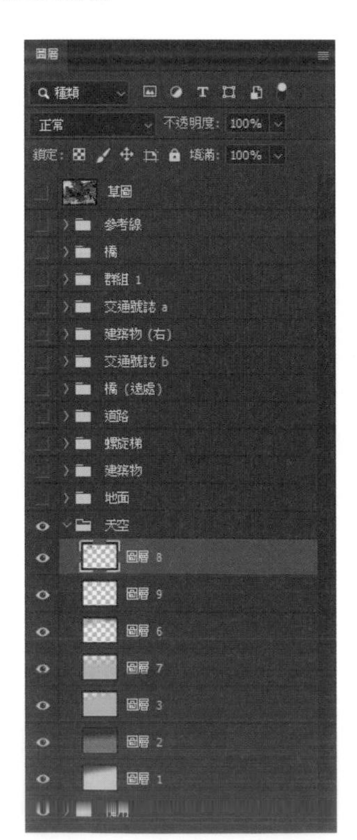

STEP 04 用筆刷表現筆觸質感

一張圖是照片還是畫，觀眾會依自己的感覺判斷，雖然無法預料觀眾的判斷基準，但可以透過一些手法來提升作品的「畫味」。接下來我要使用筆刷工具，在圖上添加筆觸，讓作品更有個性。只要筆壓及筆刷的設定稍有不同，就會改變整體的印象，因此請活用自己的手感筆觸去畫。

04-1 準備要用筆觸塗抹的圖層

在步驟 2 建立的眾多形狀圖層上面建立新的點陣圖層，並製作成剪裁遮色片。這個動作可以把之後塗抹的筆刷範圍限制在該形狀內，不會超出下面形狀圖層的範圍。

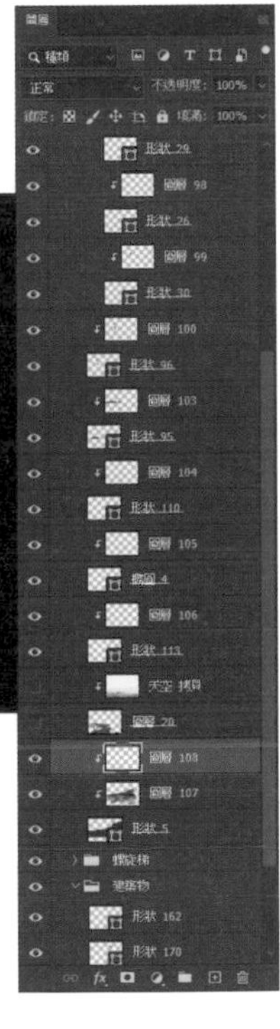

Point 2 反射光的表現

接下來將要一邊參考資料照片，一邊加入筆觸質感。根據素材不同會有各式各樣的表現手法，因此無法一一詳細做介紹，但是我個人最講究的就是「反射光」的表現方式。以下說明三種表現手法：

❶ 是降低整體對比，讓物件輪廓更清晰可見。

❷ 則相反，是提高對比、降低彩度，可強化輕重層次。

❸ 是在暗面加入誇張的反射光，在對比高的狀態可讓物件更立體。

如果想畫出讓人印象深刻的作品，或是想要強化瞬間視覺印象時，即可運用最後一種手法，稍微加入誇張的反射光。

04-2 製作路面積水的反射區域

前面先畫好視角近的物件，接下來要畫地面的積水區域。這裡是先用鋼筆工具描繪積水區的形狀輪廓，一邊畫一邊注意整體的視覺平衡。接著將「天空」圖層資料夾拷貝，並將圖層資料夾合併為一個「天空拷貝」圖層，製作成剪裁遮色片，再執行『垂直翻轉』命令，然後將「天空 拷貝」圖層移到積水的形狀圖層上方。

接著要製作倒映在積水中的建築物虛像。也把「建築物」資料夾拷貝一份，合併成單一圖層，接著執行「垂直翻轉」命令，再將反轉後的建築物圖層移動到積水的形狀圖層上方，並建立成剪裁遮色片，接著用自由變形功能調整透視效果。在調整透視時，一樣要沿用先前建立的地平線與垂直的透視參考線。

製作積水倒影時的重點，是在具有積水反射的區域就會看不見路面，只會看到建築物向下延伸的倒影，這樣思考就會很容易理解。

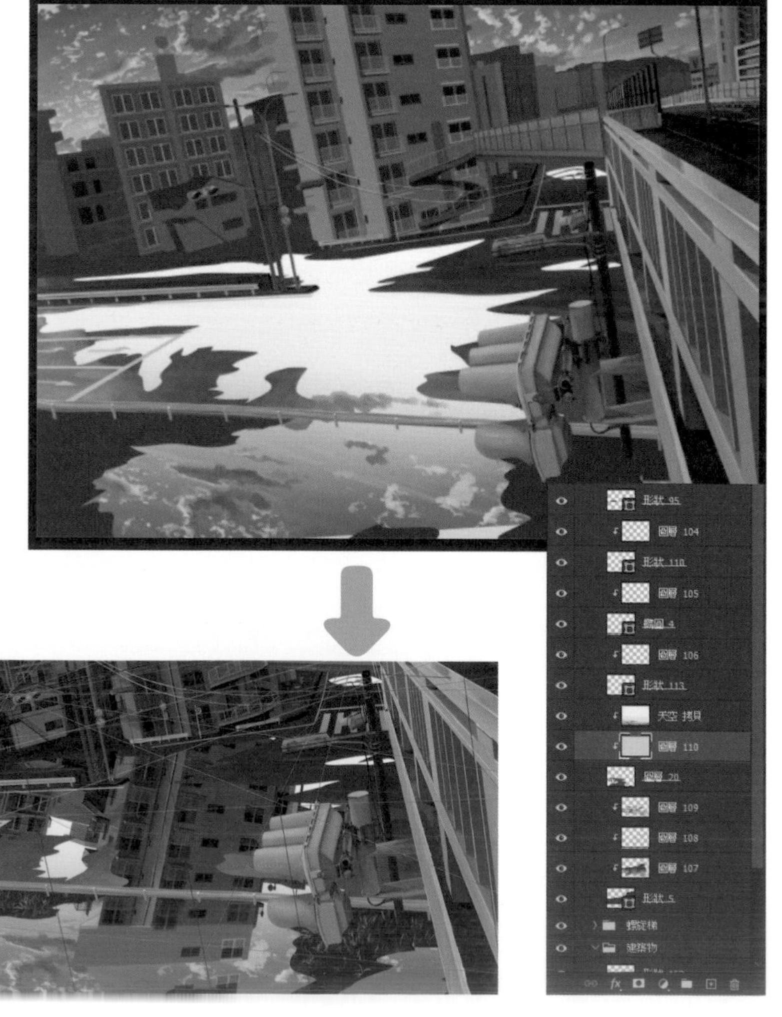

04-3 創造水面反射的世界觀

前面已製作好建築物倒映的虛像，接著要進一步修飾，打造成不同的世界觀。本例我想要表現出建築物老舊斑駁、被植物侵蝕的模樣。

我為這幅畫準備了一些資料照片，來自長崎縣的池島，以及鹿兒島縣的屋久島（請參考下面的說明）。為了把自己想要表現的空氣感化為具體的作品，需要準備相關場所或氣氛的參考資料。若有準備足夠的資料，描繪的過程就會更輕鬆。

Point 3

植物的色相處理

「建築物被植物所侵蝕」的效果，主要是參考池島的照片。另外，讓畫面整體呈現神祕氛圍的是參考了屋久島的照片，我從兩張照片中各自擷取出喜歡的部分並融入作品中。

描繪植物時，不需要過度講究形狀與細節的重現，多數場景我都是以簡約的表現去營造特殊的風味。畫植物時，我個人最重視的其實是「色相」處理。畫草與葉子時，如果只用同一種色相，會給人缺乏生命力的感覺。因此我會大膽地活用多種色相，可畫出栩栩如生的植物。

資料照片①

資料照片②

＜我以前的作品＞

這張是我以前的作品，使用了多種色相來畫植物。尤其是後面模糊的植物，可看出用了明顯的紫色、粉紅色、黃色等帶有光暈的色彩。

04-4 讓積水反射的虛像與路面融合

替反轉的建築物營造出氣氛，即可將它置入積水中，接著要讓積水中的影像與路面自然地融合。先把積水的形狀「點陣化」，變成可以用筆刷工具塗抹的狀態。接下來要調整輪廓的細部。柏油路上的積水邊緣容易呈現破碎的鋸齒狀，因此活用「橡皮擦工具」擦拭出類似的鋸齒邊緣效果。

接著再將「橡皮擦工具」的透明度設定為 30% 左右，替積水整體營造出透明的刷痕，讓已經畫好的道路與堤防等物件帶點透明感，表現出更自然的積水效果。

04-5 在人物上添加筆刷質感

到這邊背景已經完成了，再來也要用筆刷替人物添加質感。請替上色圖層建立剪裁遮色片，然後用筆刷畫出質感。這個人物有點漫畫風，和寫實風的背景不同，因此在處理臉部周圍的區域時只用筆觸簡單地塗抹出質感。

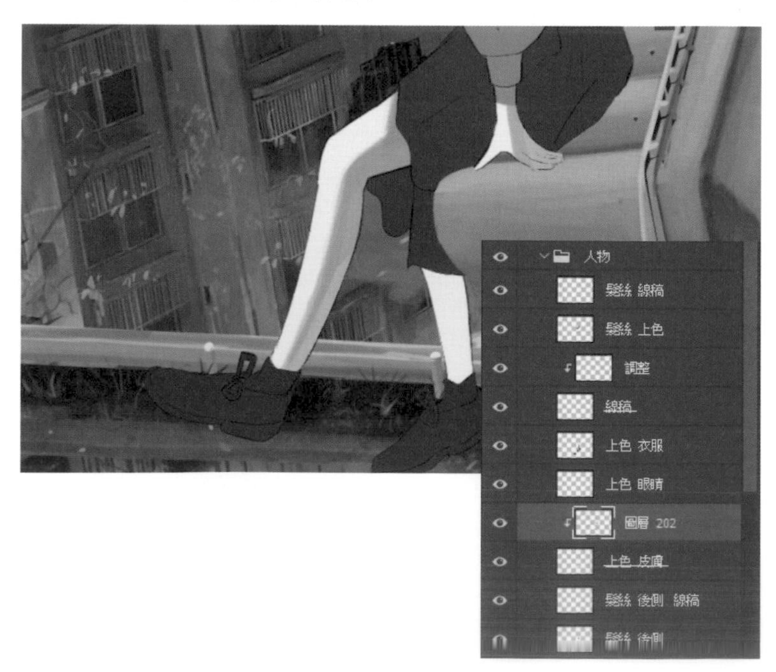

Point 4

髮絲的畫法

因為人物是漫畫風格，因此在畫人物的頭髮時，也不要畫得太像真髮，而要偏向動畫風格。以下是上色的步驟，我會依畫風選擇要強調的元素。

❶ 在髮束的邊界加上陰影。

❷ 替整束頭髮加上陰影。

❸ 將筆刷設定為「覆蓋」混合模式來塗抹陰影，表現頭部的圓弧曲線。

❹ 用「覆蓋」混合模式在頭髮中心塗抹深色。

❺ 加上高光區域。

加上高光後，可調整❹的透明度來強調它。如果想營造清爽的感覺，可以考慮省略步驟❸和❹。

❶

❷

❹

❸

❺

04-6 讓背景與人物自然融合

人物部分塗抹完成後，再用「色彩增值」模式替交通號誌加入藍色調的陰影，使號誌自然地融入背景。到這裡所有的物件都畫完了，即將進入最終的潤飾工作。

STEP 05 決定空氣感的最終潤飾

把整幅畫仔細畫完以後，只要再調整整體的光暈與色調，即可徹底展現插畫的魅力。因此，最後階段的重點在於要理解作品的魅力在哪、思考要強調那些部分。以下將依主題來調整色調，做出我們想要的空氣感。

05-1 用覆蓋模式添加輕重層次

目前的插畫作品雖然完成了，但是色調看起來有些平淡，因此要調整色調，讓作品看起來有輕重層次。請再作品上方新增一個圖層，設定為「覆蓋」混合模式，然後塗抹「灰色＋α」的顏色（α就是想重新套用在整張作品的色調），可強調欲呈現的部分。

05-2 用覆蓋模式添加空氣感

接著要把後面的建築物變得更暗，讓前景的人物更加凸顯出來。繼續新增兩個圖層，都設定為「覆蓋」混合模式，然後分別填滿暖色漸層和寒色漸層，再分別調整兩個圖層的透明度，以營造想要的空氣感。

在色相環上，位置相對的顏色稱為「補色」，若把具有補色關係的顏色橫向並排，會產生出奇妙的視覺；此外，若把具補色關係的兩個顏色混合，則會變得相當混濁。因此我就運用以上特性，以「覆蓋」混合模式，把2個具補色關係的漸層色圖層分別疊在作品上，即可營造出有點褪色、難以言喻的氣氛。

05-3 加入斜射光

我這幅畫隱藏了一個主題，就是「黃色」。因此在最後階段要加入斜射的陽光。請新增圖層並設定成「濾色」混合模式，再用筆刷畫出黃色的斜射光。接著再執行『濾鏡 / 模糊 / 放射狀模糊』命令，如圖調整「模糊中心點」(將圖中的中心點拖曳到左上角)，即可讓光線變得更自然。

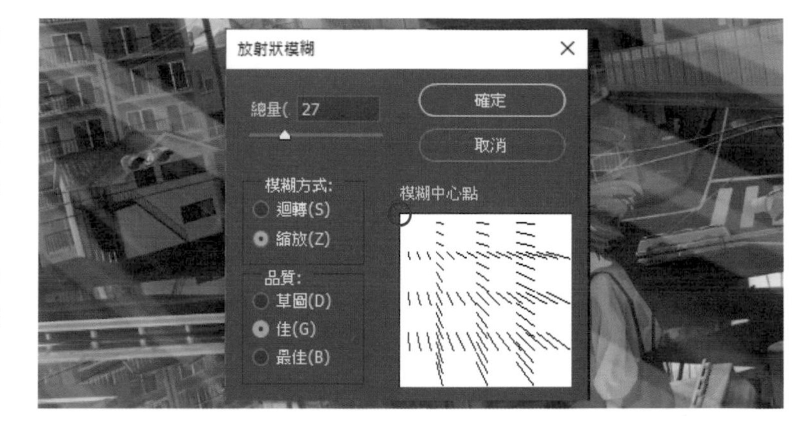

05-4 調整色相

到此整幅畫幾乎都完成了，最後要使用「Camera Raw※」調整色相。將軟體切換到「色相」模式，即可調整圖中每種色相，可強調要突出的顏色，或是將干擾的顏色變暗。在此我就強調了黃色和相對色相的藍色。最後替整幅畫加上一層淡淡的材質紋理，調整工作就完成了。

※ 編註：「Camera Raw」是 Photoshop 內建功能，若使用 Photoshop CC 版本，可在「濾鏡」選單中找到此命令。若使用 CS6 之前的舊版軟體，請先用 Bridge 瀏覽檔案，然後在檔案圖示上按滑鼠右鍵，執行『在 Camera Raw 中開啟』命令即可。

05-5 完稿

「夾在紅燈與藍燈之間」。
這就是我作品中想表達的概念。
在紅綠燈的紅色與藍色※之間剛好是黃色的燈，因此讓我發想出「把現實與幻想間的瞬間也染成黃色」的作品，因此讓角色坐在黃燈上、背景也染上一片金黃色的光。最後感謝大家耐心看到這裡。

※ 編註：日本的交通號誌燈（台灣俗稱「紅綠燈」）和台灣的紅綠燈不同，是使用紅、黃、青（水藍色）三種顏色的燈號。

Illustration with a concept
banishment
05

感謝您購買旗標書,
記得到旗標網站
www.flag.com.tw
更多的加值內容等著您…

- FB 官方粉絲專頁: 旗標知識講堂
- 旗標「線上購買」專區: 您不用出門就可選購旗標書!
- 如您對本書內容有不明瞭或建議改進之處, 請連上旗標網站, 點選首頁的 聯絡我們 專區。

若需線上即時詢問問題, 可點選旗標官方粉絲專頁留言詢問, 小編客服隨時待命, 盡速回覆。

若是寄信聯絡旗標客服 email, 我們收到您的訊息後, 將由專業客服人員為您解答。

我們所提供的售後服務範圍僅限於書籍本身或內容表達不清楚的地方, 至於軟硬體的問題, 請直接連絡廠商。

學生團體　訂購專線:(02)2396-3257 轉 362
傳真專線:(02)2321-2545

經銷商　服務專線:(02)2396-3257 轉 331
將派專人拜訪
傳真專線:(02)2321-2545

國家圖書館出版品預行編目資料

背景插畫神技:五大人氣繪師教你用
Procreate/PS/CSP 打造插畫世界觀
刈谷仁美, しらこ, yomochi, 高妍, banishment 合著;
謝薾鎂 譯, Nuomi 諾米 審訂 -- 初版
臺北市:旗標科技股份有限公司, 2022.10　面;　公分
譯自:コンセプト別 世界観のつくりかた:キャラクターを
見せるための背景テクニック
ISBN 978-986-312-728-4(平裝)
1.CST: 電腦繪圖　2.CST: 繪畫技法
312.86　111014024

作　者/刈谷 仁美・しらこ・yomochi・
高 妍・banishment
譯　者/謝薾鎂
翻譯著作人/旗標科技股份有限公司
發行所/旗標科技股份有限公司
台北市杭州南路一段15-1號19樓
電　話/(02)2396-3257(代表號)
傳　真/(02)2321-2545
劃撥帳號/1332727-9
帳　戶/旗標科技股份有限公司
監　督/陳彥發
執行企劃/蘇曉琪
執行編輯/蘇曉琪
美術編輯/薛詩盈
封面設計/薛詩盈
校　對/蘇曉琪
審　訂/Nuomi 諾米

新台幣售價:550 元
西元 2022 年 10 月初版
行政院新聞局核准登記 - 局版台業字第 4512 號
ISBN 978-986-312-728-4